环境分析化学实验

（第2版）

主　编　吴蔓莉　文　刚
副主编　张　军　徐会宁

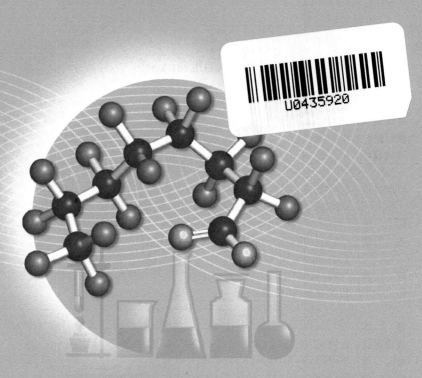

西安交通大学出版社
XI'AN JIAOTONG UNIVERSITY PRESS

内容提要

本书结合环境专业的学科特点，突出了环境样品中典型污染物分析的实验方法和技术。主要内容包括实验基础知识、滴定分析法简介和实验、重量分析法简介和实验、紫外-可见分光光度法简介和实验，以及原子吸收光谱法、电位分析法、红外光谱法、荧光光谱法、电感耦合等离子体光谱法、气相色谱-质谱联用等分析方法的简介和实验。此外，本书中还包括了多个设计性、综合性实验选题，以培养学生系统地完成一些具有一定深度和广度的探究性实验研究的能力。

本书可作为高等院校环境类专业本科生、研究生的教材或参考书，也可供相关科技人员参考使用。

图书在版编目(CIP)数据

环境分析化学实验 / 吴蔓莉，文刚主编. — 2版. — 西安：西安交通大学出版社，2024.12. — ISBN 978-7-5693-2076-3

Ⅰ. X132-33

中国国家版本馆 CIP 数据核字第 2024MX3283 号

书　　名	环境分析化学实验（第2版） HUANJING FENXI HUAXUE SHIYAN
主　　编	吴蔓莉　文　刚
副 主 编	张　军　徐会宁
责任编辑	王　娜
责任校对	李　佳
装帧设计	伍　胜
出版发行	西安交通大学出版社 （西安市兴庆南路1号　邮政编码 710048）
网　　址	http://www.xjtupress.com
电　　话	(029)82668357　82667874(市场营销中心) (029)82668315(总编办)
传　　真	(029)82668280
印　　刷	西安五星印刷有限公司
开　　本	787 mm×1092 mm　1/16　印张 13.875　字数 284千字
版次印次	2024年12月第1版　2024年12月第1次印刷
书　　号	ISBN 978-7-5693-2076-3
定　　价	40.00元

如发现印装质量问题，请与本社市场营销中心联系。
订购热线：(029)82665248　(029)82667874
投稿热线：(029)82668502
读者信箱：465094271@qq.com

版权所有　侵权必究

前　言

分析化学技术在现代环境监测中发挥着至关重要的作用。化学污染物测定、环境污染物检测、水污染治理、大气污染控制、土壤污染修复的处理效果评价和控制等，均需要对环境介质中的污染物进行准确的检测和分析。可以说，分析化学实验技术是环境类专业学生学习专业知识的前提和保证。为了有效地实施实验课程教学，构建层次结构合理的实验教学内容体系，出版高质量的分析化学实验教材迫在眉睫。

本书第1版自2018年出版发行至今，受到许多高校师生的欢迎，随着分析化学实验技术的快速发展，须对原有实验教材进行补充和修订，以适应新形势下的人才培养需求。为此，本书在第1版的基础上，结合校内外师生的意见，进行了本次修订。主要修订内容包括：

1. 进一步理顺实验内容体系之间的关系，精炼语言，修订取样参考量，使实验设置更符合学生操作需求。

2. 适应当前提出的新型污染物检测需求，补充和完善了气相色谱、液相色谱技术的知识体系，并增设相关的实验。

3. 针对饮用水水质分析需求，补充和修订了相关实验。

第2版教材具有以下几个特点：①内容编写上，进一步拓宽了分析化学基础理论知识和实验内容的结合面，学生在实验过程中可根据本书内容学习相关理论，加深对实验内容的理解。②针对新型污染物检测需求，细化和突出色谱技术原理和应用，所选的测定指标与环境样品的分析测定密切相关。③实验类型包括了验证性实验、设计性实验和综合性实验，学生可以通过验证性实验强化常规仪器的实验技能，还可通过参与综合性和设计性实验，拓展分析问题、解决问题的能力，使学生得到全方位的培养和训练。

本书由吴蔓莉、文刚主编，张军和徐会宁为副主编。苏含笑老师参加了第1章主要内容的编写工作。全书由吴蔓莉、张军审校定稿。

由于编者水平有限，书中不足之处在所难免，敬请读者批评指正。

编　者
2024.10

第1版前言

分析化学是环境类专业重要的专业基础课,课程内容的主要任务是确定物质的组成、含量和结构。分析化学广泛应用于污染物测定、环境质量监测、水质分析、水污染治理、大气污染治理、土壤污染修复的处理效果评价和控制等方面,可以说,分析化学是监测环境问题的"侦察兵"。

分析化学实验是分析化学课程的重要组成部分,它与理论课教学的关系十分密切。通过分析化学实验教学,可使学生熟练掌握分析化学的基本操作技能和实验方法,同时加深学生对分析化学基础理论知识的理解。近年来,随着课程改革进程的加深,许多高校对分析化学实验进行了单独设课。为了有效地实施实验课程教学,构建层次结构合理的实验教学内容体系,出版相应的分析化学实验教材的任务迫在眉睫。

本书结合环境类专业的学科特点,突出了分析化学实验在环境样品分析中的应用。内容包括实验基础知识、验证性实验、综合性和设计性实验三部分。实验基础知识部分主要对分析化学实验基本要求、实验室规章制度、常用玻璃仪器、化学试剂、实验用水、实验数据的处理和实验报告的撰写进行了较为详细的介绍。验证性实验部分包含36个基础实验,主要目的是训练学生的基本操作技能和数据处理能力。综合性和设计性实验是为鼓励学生参与探索研究性实验,强化学生独立分析和解决问题的能力而进行设置的,该部分共28个选题,内容涉及滴定分析、重量分析、紫外-可见分光光度分析、红外吸收光谱分析、原子吸收光谱分析、原子发射光谱分析、分子荧光光度分析、电位分析、气相色谱分析、高效液相色谱分析、电感耦合等离子体原子发射光谱分析、气相色谱-质谱联用分析等。

本书有以下几个特点。①内容编写上,将与实验对应的基础理论知识、实验基础知识和实验内容相结合,有助于学生在实验过程中查阅相关理论知识,加深对实验内容的理解。②实验测定指标的选择上,突出分析化学在环境类专业中的实际应用,所选的测定指标多与环境样品的分析测定有关。③实验类型包括了验证性实验、设计性实验和综合性实验,既可以通过验证性实验训练学生规范化操作仪器的实验技能,又可以通过综合性和设计性实验开拓学生视野,强化学生分析问题、解决问题的能力,使学生得到全方位的培养和训练。

本书由吴蔓莉主编,蒋欣和徐会宁为副主编。杨磊副教授参加了第 8 章主要内容的编写工作。全书由吴蔓莉、徐会宁审校定稿。

由于编者水平有限,书中不足之处在所难免,敬请读者批评指正。

编 者

目　录

第一编　分析化学实验基础

第1章　实验基础知识 ……………………………………………………… 3

1.1　实验教学目的和实验室规章制度 …………………………………… 3
1.2　分析化学实验基本要求 ……………………………………………… 4
1.3　定量分析中常用的玻璃仪器及洗涤方法 …………………………… 5
1.4　实验用纯水规格、制备及检验方法 ………………………………… 10
1.5　化学试剂的分类、分级和用途 ……………………………………… 12
1.6　化学试剂的使用和存放 ……………………………………………… 14
1.7　药品的称量和标准溶液的配制 ……………………………………… 14
1.8　质量保证与质量控制 ………………………………………………… 16
1.9　实验数据的记录、处理及实验报告的撰写 ………………………… 21
1.10　实验室安全风险评价与管理 ………………………………………… 24
  1.10.1　实验室安全风险评价与管理概述 ……………………………… 24
  1.10.2　实验室安全风险评价流程 ……………………………………… 25
  1.10.3　实验室安全风险评价方法 ……………………………………… 25
  1.10.4　实验室安全风险源辨识 ………………………………………… 29
  1.10.5　实验室安全风险管控方法 ……………………………………… 30
  1.10.6　实验室安全风险分级管理体系构建 …………………………… 30
  1.10.7　实验室安全风险防控措施 ……………………………………… 31

第二编 验证性实验

第2章 滴定分析 ... 35

2.1 滴定分析法简介 ... 35
2.2 滴定分析装置 ... 35
2.3 滴定分析的基本操作 ... 36
2.3.1 配制标准溶液 ... 36
2.3.2 移取溶液 ... 37
2.3.3 滴定管的洗涤 ... 38
2.3.4 使用前检查 ... 38
2.3.5 滴定分析操作 ... 39
2.3.6 滴定管操作误差分析 ... 41
2.4 滴定分析实验 ... 42
2.4.1 酸碱滴定法——水样酸度的测定 ... 42
2.4.2 酸碱滴定法——水样碱度的测定 ... 45
2.4.3 配位滴定法——水样硬度的测定 ... 47
2.4.4 氧化还原滴定法——高锰酸盐指数的测定 ... 52
2.4.5 氧化还原滴定法——化学需氧量的测定 ... 54
2.4.6 氧化还原滴定法——溶解氧的测定 ... 57
2.4.7 氧化还原滴定法——水中余氯的测定 ... 60
2.4.8 氧化还原滴定法——五日生化需氧量(BOD_5)的测定 ... 63
2.4.9 沉淀滴定法——水中Cl^-的测定 ... 68

第3章 重量分析方法 ... 72

3.1 重量分析法简介 ... 72
3.2 沉淀重量分析的基本操作及注意事项 ... 72
3.2.1 沉淀的生成 ... 72
3.2.2 沉淀的过滤 ... 73

3.3 重量法实验 ··· 77
　3.3.1 硫酸盐的测定 ··· 77
　3.3.2 水中总不可滤残渣（悬浮物）的测定 ································ 79
　3.3.3 土壤含水量的测定 ·· 81
　3.3.4 空气中总悬浮颗粒物（TSP）和细颗粒物（PM2.5）的测定 ············ 82

第4章 紫外-可见分光光度法 ··· 85

4.1 分光光度法原理 ··· 85
4.2 分光光度计及使用 ··· 85
　4.2.1 比色管 ··· 85
　4.2.2 比色皿 ··· 86
　4.2.3 分光光度计 ·· 87
4.3 分光光度法实验 ··· 89
　4.3.1 可见分光光度法测定水中微量铁 ··································· 89
　4.3.2 可见分光光度法测定水中 F^- ····································· 92
　4.3.3 二苯碳酰二肼分光光度法测定水中六价铬 ························· 94
　4.3.4 可见分光光度法测定水中氨氮 ····································· 97
　4.3.5 钼酸铵分光光度法测定水中总磷 ··································· 99
　4.3.6 分光光度法测定水中叶绿素 a ······································ 102
　4.3.7 紫外分光光度法测定水中总氮 ····································· 105
　4.3.8 紫外分光光度法测定土样中对乙酰氨基酚 ························· 108
　4.3.9 红外分光光度法测定水中总油 ····································· 110

第5章 原子吸收光谱法 ··· 114

5.1 原子吸收光谱法简介 ·· 114
5.2 原子吸收光谱仪及其操作步骤 ·· 114
5.3 原子吸收光谱法实验 ·· 117
　5.3.1 火焰原子吸收光谱法测定水中 Cu^{2+} ··························· 117
　5.3.2 石墨炉原子吸收光谱法测定生活饮用水中痕量镉 ·················· 120
　5.3.3 石墨炉原子吸收光谱法测定土壤中的铅 ··························· 122
　5.3.4 氢化物发生原子吸收光谱法测定水中的砷 ························· 125

第6章 电位分析法 ······ 129

6.1 电位分析法简介 ······ 129
6.2 酸度计 ······ 129
6.3 ZD-2型自动电位滴定仪 ······ 131
6.4 电位分析法实验 ······ 132
6.4.1 电位法测定水溶液的pH值 ······ 132
6.4.2 土壤pH的测定 ······ 133
6.4.3 电位滴定法测定水中氯离子 ······ 134
6.4.4 电位滴定法测定沸石的阳离子交换容量 ······ 137
6.4.5 电位法测定卤化银的溶度积 ······ 140

第7章 色谱法 ······ 143

7.1 色谱法简介 ······ 143
7.2 气相色谱仪结构及操作步骤 ······ 143
7.2.1 仪器结构 ······ 143
7.2.2 分析流程 ······ 146
7.2.3 操作步骤(以气相色谱仪6890n为例) ······ 146
7.3 液相色谱仪结构及操作步骤 ······ 149
7.3.1 仪器结构 ······ 149
7.3.2 分析流程 ······ 151
7.3.3 操作步骤(以高效液相色谱仪LC-2000为例) ······ 151
7.4 离子色谱仪结构及操作步骤 ······ 152
7.4.1 仪器结构 ······ 152
7.4.2 分析流程 ······ 156
7.4.3 操作步骤(以离子色谱仪ICS-900为例) ······ 156
7.5 色谱法实验 ······ 158
7.5.1 气相色谱法测定苯系物 ······ 158
7.5.2 气相色谱法测定空气中总挥发性有机物 ······ 162
7.5.3 气相色谱法测定土壤或底泥中有机氯农药 ······ 166
7.5.4 高效液相色谱法测定牛奶中三聚氰胺 ······ 169
7.5.5 高效液相色谱法测定苯系物和稠环芳烃 ······ 172
7.5.6 离子色谱法测定降水中F^-、Cl^-、HPO_4^-、SO_4^{2-}、NO_3^-、NO_2^- ······ 174

第8章 其他仪器分析方法 ··· 179

8.1 红外光谱法及实验 ··· 179
8.1.1 红外光谱法原理 ··· 179
8.1.2 傅里叶变换红外光谱仪仪器结构及使用 ··· 179
8.1.3 红外光谱法实验——有机物的红外光谱测定及结构分析 ··· 182

8.2 荧光光度法及实验 ··· 184
8.2.1 荧光光度法原理 ··· 184
8.2.2 荧光光度计仪器结构及使用 ··· 185
8.2.3 荧光分析法实验——荧光光谱法测定铝离子 ··· 187

8.3 电感耦合等离子体原子发射光谱法(ICP-AES)及实验 ··· 189
8.3.1 ICP-AES原理 ··· 189
8.3.2 ICP-AES仪器结构及使用 ··· 191
8.3.3 电感耦合等离子体原子发射光谱法(ICP-AES)测定矿泉水中锶含量 ··· 192

8.4 气相色谱-质谱法(GC-MS)及实验 ··· 194
8.4.1 仪器结构及原理 ··· 194
8.4.2 GC-MS操作程序 ··· 196
8.4.3 GC-MS实验——气相色谱-质谱联用测定多环芳烃 ··· 197

第三编 拓展性实验

第9章 综合设计性实验 ··· 201

9.1 设计性实验 ··· 201
9.1.1 设计性实验过程和要求 ··· 201
9.1.2 设计性实验报告格式 ··· 202
9.1.3 设计性实验注意事项 ··· 202
9.1.4 设计性实验选题内容 ··· 203

9.2 综合性实验 ··· 205
9.2.1 综合性实验开设目的 ··· 205
9.2.2 综合性实验开设要求 ··· 205
9.2.3 综合性实验选题内容 ··· 205

参考文献 ··· 209

第一编 分析化学实验基础

第 1 章

实验基础知识

1.1 实验教学目的和实验室规章制度

分析化学实验教学内容主要包括指导学生学习规范化操作、掌握样品测定的方法原理和步骤、对实验数据进行处理和对测定结果进行评价等；目的是通过实验，使学生掌握正确的仪器操作和样品测定方法，同时通过实验加深学生对课堂所学理论知识的理解。学生进入实验室后，需要进行仪器洗涤、称量、测定、数据记录等各种操作的规范化训练。

1. 分析化学实验室规章制度

(1) 凡进入实验室进行教学、科研活动的学生都必须严格遵守实验室的各项规章制度。

(2) 学生实验前必须接受安全教育，必须认真预习实验教材中的相关内容，明确实验目的和步骤，了解实验所用的仪器设备及器材的性能、操作规章、使用方法和注意事项，按时上实验课，不得迟到、早退。

(3) 学生进入实验室应衣着整齐，保持实验室安静，不得在实验室内大声喧哗、嬉闹、进食、吸烟和乱丢杂物，以保持实验室内整洁卫生。

(4) 学生在实验中应严格遵守操作规程，服从实验指导教师或实验技术人员的指导。必须以实事求是的科学态度进行实验，认真测定数据，如实、认真地做好原始记录，认真分析实验结果。

(5) 学生应爱护实验室仪器设备，严格遵守实验操作规程。凡因违反操作规程或不听从指导而造成的人身伤害事故，责任自负；造成仪器设备损坏者，按学校有关规定进行赔偿处理。

(6) 在实验过程中要注意安全，严防事故，注意节约用水、用电，以及节省实验材料、试剂和药品，遇到事故要立即切断电源、火源，并报告指导教师进行处理；遇到大型事故应保护好现场，等待有关单位处理。

(7)每次实验结束后,学生要对本组使用的仪器设备进行擦拭,做好整理工作,经实验指导教师检查后,方可离开实验室。

(8)实验报告要用统一的实验报告纸撰写,内容一般包括实验目的、实验仪器设备及其原理、实验步骤、实验原始数据、实验结果与分析讨论等。实验报告书写要工整,统一采用国家标准所规定的单位与符号;作图要规范,曲线要画在坐标纸上,要用曲线板绘图或用计算机处理数据和作图。

2. 本科实验教学管理办法

(1)严格按照本科实验教学大纲组织实施本科实验教学,由任课教师会同实验指导教师共同确定实验项目及内容,由实验指导教师安排实验时间及场地等,完成实验教学任务书。

(2)由专人负责实验教学任务书的上传下达,并完成实验教学工作的统计、汇总、督查、信息反馈等工作;实验教学任务书由分管院长签字(或盖章)、中心主任签字、任课教师签字、实验指导教师签字后,方可实施。

(3)由实验指导教师负责实验教学的准备、实验指导及实验考核等工作,并完成学生实验报告、实验记录等教学资料的归档工作;实验教学所需化学试剂、仪器设备、场地等汇报相应管理人员后,由中心主任负责统一协调,统一购买。

(4)实验指导教师在组织与实施实验教学时,必须具备实验教学大纲、实验教材(或实验指导书)、仪器设备使用说明或操作规程、实验(或操作)注意事项、实验挂图等教学文件。

(5)实验指导教师在实验前,必须清点学生人数。对迟到 15 min 以上或无故不上实验课者,以旷课论处;因故未做实验的学生必须补做方可取得实验课的成绩;学生首次上实验课时,实验指导教师必须宣讲"学生实验守则"和"实验室规则"等有关实验室规章制度。

(6)实验指导教师可根据课程自身的特点,采用日常考核、操作技能考核、卷面考核和提交实验结果等多种考核方式;独立设课实验的考核,除日常考核之外,须安排实验操作考核或卷面考核,并单独记录成绩。

1.2 分析化学实验基本要求

1. 实验前的准备工作

实验前预习。首先必须理解和掌握与实验内容相关的理论知识,通过阅读实验教材中与本次实验相关的章节内容,明确实验目的和实验原理,了解实验中所要用到的仪器、试剂。其次须熟悉实验方法和步骤,特别关注实验注意事项。

进入实验室前,穿好实验服,准备好实验教材、实验数据记录本、实验报告册、实验用笔等与实验有关的物品。

2. 实验操作环节训练

进入实验室后,严格遵守实验室的各项规章制度,认真听取实验指导教师讲述实验内容和方法、实验注意事项等。指导教师对实验操作过程进行讲解和演示后,学生按要求分组进行实验。

实验过程中不喧闹,不讨论与实验无关的内容,保持实验室整洁安静,注意仪器和试剂的整齐摆放,并遵循"原物放回原处"的规则。

3. 记录实验现象及实验数据

实验过程中要仔细观察实验现象,及时、准确地将实验数据及实验现象记录在专用实验记录本上。不允许将数据随意记录在小纸片或单页纸上。尽量采用表格形式记录数据。

记录的实验数据要符合规范要求,注意有效数字的保留。例如,用移液管移取 50 mL 溶液时,记录为"50.00 mL";用量筒量取 50 mL 液体时,记录为"50 mL";用万分之一电子分析天平称量时,应记录至 0.0001 g;滴定管的读数应记录至 0.01 mL 等。总之,要根据所用仪器的精度记录到最小刻度的下一位。

实验过程中如果发现记录的数据有误,应将其画线删除,然后在旁边写上正确的数字,并签名确认,不能随意涂改。实验中严禁随意拼凑或伪造数据。对同一个样品一般需经过 3 次平行测定。

实验测定结束后,指导教师检查所有同学的实验数据,签字后,同学收拾实验台面,将仪器和试剂放回原处摆放整齐,台面收拾干净后,方可离开。

4. 撰写实验报告

实验结束后,对实验数据进行计算和处理,得出实验结果,根据实验过程和实验结果,认真撰写实验报告。实验报告一般包括:实验名称、目的、原理、所用仪器和试剂、实验步骤(实验流程)、原始数据及实验数据的计算和处理、实验结果、分析和讨论等内容。实验报告的撰写方法见本章第 1.9 节。

1.3 定量分析中常用的玻璃仪器及洗涤方法

定量分析中需要用到各种玻璃仪器,根据用途可分为容器类和量器类。容器类包括烧杯、锥形瓶、碘量瓶、试剂瓶、称量瓶、干燥器等。量器类包括量筒、滴定管、移液管、吸量管、容量瓶等。具有特殊用途的玻璃仪器有胶头滴管、漏斗、比色管、比色皿等。

1. 常用的玻璃仪器

1)容器类

分析中常用的容器类玻璃仪器如图 1-1 所示。

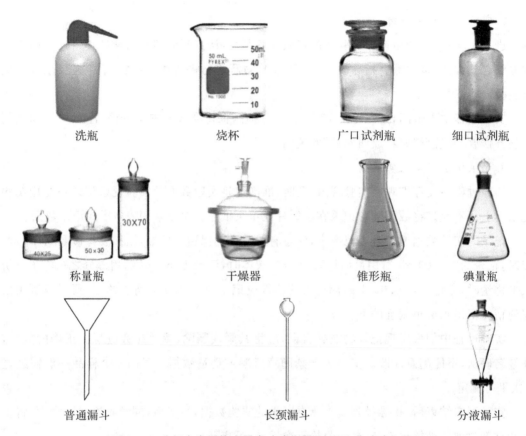

图 1-1　分析中常用的容器类玻璃仪器(洗瓶为非玻璃仪器)

洗瓶(wash bottle)。洗瓶是分析化学实验室中用于装清洗溶液的一种容器,在分析化学实验中一般用洗瓶盛装纯水。常见的挤压型洗瓶由塑料细口瓶和瓶口装置出水管组成。使用时,将瓶盖拧开,向里面注入纯水后再盖住并拧紧瓶塞。使用时挤压塑料瓶体,利用出水润洗玻璃仪器。切忌把瓶盖打开后,将吸量管或者移液管插入瓶内进行纯水的移取。

烧杯(beaker)。烧杯是一种常见的实验室玻璃仪器,呈圆柱形,通常由玻璃、塑料,或者耐热玻璃制成。实验室中玻璃烧杯最为常见。烧杯一般可用来加热,为使内部液体均匀受热,一般需垫上石棉网。烧杯经常用来配制溶液和作为较大量试剂的反应容器。在操作时,经常会用玻璃棒或者磁力搅拌器来进行搅拌。烧杯不可用来长期盛放化学药品,也不能用烧杯作为量器量取液体。

试剂瓶(reagent bottle)。试剂瓶可分为广口、细口、磨口、无磨口等多种类型。广口瓶(广口试剂瓶)用于盛放固体试剂,细口瓶(细口试剂瓶)用于盛放液体试剂,棕色瓶(棕色试剂瓶)用于盛放避光的试剂,磨口塞瓶能防止试剂吸潮和浓度变化。

称量瓶(weighing bottle)。称量瓶是具磨口塞的筒形玻璃瓶,用于差减法称量试样。因有磨口塞,可以防止瓶中的试样吸收空气中的水分和 CO_2 等,故适用于称量易吸潮的试样。

称量瓶平时要洗净,烘干,存放在干燥器内以备随时使用。称量瓶瓶盖不能互换,称量时不可用手直接拿取,应戴指套或垫以洁净纸条拿取,不能用火直接加热。

干燥器(dryer)。干燥器是具有磨口盖子的密闭厚壁玻璃仪器,常用以保存坩埚、称量瓶、试样、药品等物。它的磨口边缘涂一薄层真空硅脂,使之能与盖子密合。干燥器底部盛放干燥剂,最常用的干燥剂是变色硅胶和无水氯化钙,其上搁置洁净的带孔瓷板。坩埚、试样、药品等放在瓷板孔内。干燥器中的空气并不是绝对干燥的,只是湿度较低而已。

使用干燥器时应注意下列事项:搬移干燥器时,要用双手操作,用大拇指紧紧按住盖子;打开干燥器时,不能往上掀盖,应用左手按住干燥器,右手小心地把盖子放在桌子上;不可将太热的物体放入干燥器中。干燥器底部的变色硅胶为蓝色,当底部的变色硅胶全部变为粉红色时,表示已受潮失去吸湿作用。需要在120 ℃烘干2~3 h后,待硅胶变蓝色再继续使用。

漏斗(infundibulum)。漏斗是过滤实验中不可缺少的仪器。过滤时,漏斗中要装入滤纸。

长颈漏斗(long neck infundibulum)。长颈漏斗主要用于反应时添加液体药品。

分液漏斗(separating infundibulum)。分液漏斗分为球型、梨型和筒型等多种样式。分析化学中常用梨型分液漏斗做萃取操作。

锥形瓶(erlenmeyer flask)。锥形瓶也称三角瓶,一般用于滴定实验中盛放待测液体。不能用锥形瓶作为量器量取液体。

碘量瓶(iodine flask)。碘量瓶一般为碘量法滴定中专用的锥形瓶。

比色皿(cuvette)。比色皿也叫吸收池,在光度法中用来盛放待测液。有玻璃比色皿和石英比色皿两种类型,可见分光光度法中常用玻璃比色皿,紫外分光光度法中需要用石英比色皿。比色皿一般为长方体,规格有0.5 cm、1 cm、2 cm、3 cm几种类型。

2)量器类

分析中常用的量器类玻璃仪器如图1-2所示。

量筒(graduated cylinder)。量筒是用来按体积定量量取液体的一种玻璃仪器,一般有5 mL、10 mL、25 mL、50 mL、100 mL、250 mL、500 mL和1000 mL等规格,精度较低。除量筒外,用来量取一定体积液体的玻璃仪器还有移液管、吸量管等。移液管和吸量管的精度都比量筒高。

移液管(pipette)。移液管是准确移取一定体积溶液的量器,是一根中间有一膨大部分的细长玻璃管,下端为尖嘴状,上端管颈处刻有一条标线,是所移取的一定量准确体积的标志。移液管所移取的体积通常可精确到0.01 mL,在滴定分析中用来准确移取待测液体样品时一般使用移液管。移液管有老式和新式之分,老式管标有"吹"字样,需要用洗耳球吹出管口残余液体。新式管没有"吹"字,不需要吹出管口残余,否则量取液体会偏多。常用的移液管有 20 mL、25 mL、50 mL 和 100 mL 等规格。

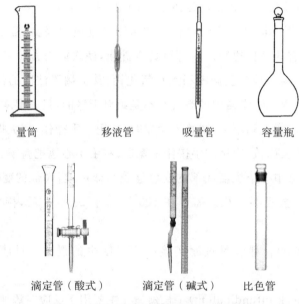

图 1-2　分析中常用的量器类玻璃仪器

吸量管(pipet)。通常把具有刻度的直形移液管称为吸量管。当需要控制试液加入量时一般使用吸量管。所移取的体积通常可精确到 0.01 mL。在使用吸量管时,为了减少测量误差,每次都应按最上面刻度(0 刻度)处为起始点,往下放出所需体积的溶液。常用的吸量管有 1 mL、2 mL、5 mL 和 10 mL 等规格。

滴定管(burette)。滴定管是滴定分析中常用的玻璃仪器,分为酸式滴定管(acid burette)和碱式滴定管(base burette)。酸式滴定管的下端为一玻璃活塞,用于量取对橡皮有侵蚀作用的液体,如酸溶液或氧化性试剂(如 $KMnO_4$)。碱式滴定管的下端用橡皮管连接一支带有尖嘴的小玻璃管,橡皮管内有一玻璃珠,用于量取对玻璃管有侵蚀作用的液态试剂,主要用来量取碱溶液。滴定管刻度的每一大格为 1 mL,每一大格分为 10 小格,每一小格为 0.1 mL,可精确到 0.01 mL。使用时注意下部尖嘴内液体不在刻度内,量取或滴定溶液时不能将尖嘴内的液体放出。

对于易见光分解的溶液,需用棕色滴定管盛放并进行滴定。

容量瓶(volumetric flask)。容量瓶是一种带有磨口玻璃塞的细颈梨形平底玻璃瓶,颈上有刻度。容量瓶上标有温度和容量。容量瓶的用途是配制准确浓度溶液或者定量稀释溶液。使用时注意：对容量瓶有腐蚀作用的溶液,尤其是碱性溶液,不可在容量瓶中久放,配好后应转移到试剂瓶中存放。容量瓶有多种规格,有 5 mL、50 mL、100 mL、200 mL、250 mL、500 mL、1000 mL 和 2000 mL 等。常用的是 200 mL、250 mL 和 1000 mL 的容量瓶。

比色管(colorimetric tube)。比色管是吸光光度法中用来配制标准系列所用的成套玻璃仪器,外型与普通试管相似,但比试管多一条精确的刻度线并配有玻璃塞。比色管使用时需放在管架上,一般成套使用,一套1~7个。比色管不能加热,不能直接竖直放在桌面上,同一比色实验中要使用同样规格的比色管。常见规格有10 mL、25 mL、50 mL三种。

2. 玻璃仪器的洗涤及常用洗液的配制

1) 洗涤方法和常用洗液的配制

分析化学实验中不可避免地要用到各种玻璃仪器。这些玻璃仪器在使用前必须要清洗干净才能获得准确的结果。干净的玻璃仪器内壁能被水均匀润湿。玻璃仪器的洗涤既要根据实验的要求、污物的性质和玷污程度,也要根据其形状的特殊性选择合适的洗涤程序。下面对实验中较常遇到的情况进行说明。

(1) 如果玻璃仪器沾染了可溶性污物和浮尘,可采用"自来水冲洗—自来水刷洗—纯水润洗"的步骤。先在玻璃仪器内加入适量自来水,用力振荡洗掉可溶性污物。如果振荡后玻璃仪器内壁上还附着污渍,则用毛刷刷洗内壁再用自来水冲洗。自来水冲洗后,根据"少量多次"的原则,用少量纯水润洗玻璃仪器3次。

(2) 如果玻璃仪器沾有油污或其他有机物,则需用肥皂液、去污粉或洗涤剂清洗。清洗步骤为"自来水刷洗—洗涤剂刷洗或洗液清洗—自来水冲洗—纯水润洗"。先用毛刷和自来水洗去玻璃仪器上的可溶性污物和浮尘,然后用毛刷蘸取洗涤剂刷洗或用洗液清洗,并用自来水冲洗以去除玻璃仪器上残留的污物和洗涤剂,最后用纯水润洗玻璃仪器3次。

(3) 对于口径小而长的特殊形状的不易用刷子刷洗的玻璃仪器,如移液管、滴定管、容量瓶等,或者对于沾染了特殊污物而用洗涤剂不易洗干净的玻璃仪器,需用铬酸洗液清洗。

铬酸洗液的配制。用托盘天平称取10 g工业重铬酸钾置于干净烧杯中,加入40 mL热水使其溶解。冷却后,边搅拌边缓慢加入200 mL浓硫酸(注意不能将重铬酸钾溶液加入浓硫酸中!!!),冷却后装入磨口试剂瓶备用。

洗涤时先用水和毛刷洗去可溶性污物和浮尘后,将玻璃仪器内残留的水倒掉,在玻璃仪器内加入少量铬酸洗液,慢慢转动玻璃仪器,使仪器内壁全部被铬酸洗液浸润,旋转数次后,把洗液倒回原瓶(必要时可将玻璃仪器在铬酸洗液中浸泡一段时间),再用自来水冲洗,最后用纯水润洗3次。

(4) 光度分析中所用的比色皿,容易被有色溶液染色。通常用完后需用盐酸-乙醇混合液浸泡,然后再用自来水冲洗并用纯水润洗净。

盐酸-乙醇洗液的配制。将化学纯的盐酸和乙醇按1:2体积比混合即得。

氢氧化钠-乙醇洗液的配制。将60 g氢氧化钠溶于约80 mL水中,再用95%的乙醇稀释至1 L。该洗液主要用于洗去油污及某些有机物。不可用此洗液长时间浸泡玻璃仪器,以免发生腐蚀。

2)如何判断玻璃仪器已经洗涤干净

洗净的玻璃仪器内壁能被水均匀润湿。将仪器倒立时,如果水在仪器壁上只留下一层既薄又均匀的水膜,而不挂水珠,则表明玻璃仪器已清洗干净。如果仪器壁上挂着水珠,说明没有清洗干净,需要重洗。

3)洗涤时的注意事项

(1)洗涤过程中注意节约用水。自来水和纯水都应按照"少量多次"的原则使用。不必要每次都用很多水甚至灌满容器。每次洗涤加自来水一般不超过仪器总容量的20%。纯水应在最后使用,即仅用它洗去残留的自来水。

(2)新配制的铬酸洗液呈暗红色,经反复使用后,随着氧化性的不断降低,清洗能力会减弱。这时可加入浓硫酸恢复其清洗能力。当洗液颜色由暗红色变为绿色时,表示其不再具备氧化能力,不宜再用。由于铬离子有毒,污染环境,失效的洗液不能直接倒掉,应倒入废液缸中另行处理。

(3)经纯水润洗的玻璃仪器不能用抹布或纸巾擦拭。

1.4 实验用纯水规格、制备及检验方法

分析化学实验对实验用水的质量要求较高,不能直接用自来水进行实验。纯水的纯度是影响分析结果准确度的重要因素。在配制溶液时应使用纯水作为溶剂配制。洗涤玻璃仪器时,最后需要使用纯水润洗3次。实验过程中应根据分析任务的要求,选择合适规格和级别的纯水。

1. 纯水的制备方法

制纯水时,一般用自来水作为制备纯水的原水。常用制备纯水的方法有蒸馏法、离子交换法、电渗析法等。近几年发展起来的方法有反渗透(reverse osmosis,RO)法、电去离子(electro deionization,EDI)法等。

(1)蒸馏法。蒸馏法制纯水所用的设备是硬质玻璃或石英蒸馏器。其制水过程是使自来水在蒸馏器中经加热汽化、水蒸气冷凝,重复多次后即得到蒸馏水。蒸馏法只能除掉水中的非挥发性杂质,不能去除易溶于水的气体,同时残留少量的离子。蒸馏水可满足一般分析实验室的用水要求。

(2)离子交换法。采用离子交换树脂去除水中杂质,可对水中离子起到有效去除作用,所得水的纯度较高。缺点是去离子水中可能含有微生物和少量有机物,以及其他一些非离子型杂质。

(3)电渗析法。电渗析法是在离子交换法的基础上发展起来的一种方法,即在直流电场的作用下,利用阴、阳离子交换膜对原水中存在的阴、阳离子选择性渗透的性质去除离子型

杂质。

电渗析法与离子交换法相似,不能去除非离子型杂质。但电渗析器的使用周期比离子交换柱强,再生处理比离子交换柱简单。

(4)反渗透法(RO法)。水渗透时,水分子通过具有选择性的半透膜从低浓度流向高浓度,反渗透则是利用高压泵使水分子透过半透膜由高浓度流向低浓度。反渗透膜能去除无机盐、有机物、胶体、细菌、病毒、混浊物等杂质。反渗透法具有能耗低、无污染、工艺先进、操作简便等优点。反渗透处理水适合大多数实验室使用。

(5)电去离子法(EDI法)。EDI法是将电渗析与离子交换结合而形成的新型膜分离制纯水方法。即在外加电场作用下,利用离子交换、离子迁移、树脂电再生过程制备纯水。EDI法的优点是既可利用电渗析连续脱盐和离子交换树脂深度脱盐,又克服了离子交换树脂需要再生使用的麻烦。

2. 纯水的规格及用途

我国已颁布了《分析实验室用水规格和试验方法》(GB/T 6682—2008)的国家标准。该标准中规定了分析实验用水的级别、规格、技术指标、制备方法和检验方法。

分析实验室用水共分三个级别:一级水、二级水和三级水(见表1-1)。其中,一级水纯度最高,用于有严格要求的分析实验,包括对颗粒有要求的实验,如高效液相色谱分析、电化学分析;二级水用于无机痕量分析等实验,如原子吸收光谱分析用水;三级水用于一般化学分析实验,多数的滴定分析可用三级水,但配位滴定法和银量法对水的纯度要求较高一些。

表1-1 分析实验室用水的级别和主要技术指标(GB/T 6682—2008)

指标	一级水	二级水	三级水
pH值范围(25 ℃)	—	—	5.0~7.5
电导率(25 ℃)/(mS·m^{-1})	≤0.01	≤0.10	≤0.50
可氧化物质(以O计)/(mg·L^{-1})	—	<0.08	<0.4
蒸发残渣(105±2 ℃)/(mg·L^{-1})	—	≤1.0	≤2.0
吸光度(254 nm,1 cm光程)	≤0.001	≤0.01	—
可溶性硅(以SiO$_2$计)/(mg·L^{-1})	<0.01	<0.02	—

注:"—"表示不作规定。

一级水一般在临用前制备,不宜存放,在贮运过程中可选用聚乙烯容器。实际工作中,人们往往习惯用电阻率衡量水的纯度。上述一、二、三级水的电阻率应分别等于或大于10 MΩ·cm、1 MΩ·cm、0.2 MΩ·cm。

表1-1中所示的一、二、三级水常用制备方法如下:

三级水:以前多采用蒸馏法制备,所用蒸馏器多为铜质或玻璃蒸馏装置,现在有些实验室改用离子交换法、电渗析法或反渗透法制备。三级水是一般实验室分析常用水。

二级水:可用离子交换或多次蒸馏等方法制备。

一级水:可将二级水经过石英设备或离子交换混合床处理后,再经 0.2 μm 微孔滤膜过滤制备。

除纯水外,还有超纯水。超纯水是美国科技界为了研制超纯材料(半导体原件材料、纳米精细陶瓷材料等),应用蒸馏、去离子化、反渗透技术或其他适当的超临界精细技术生产出来的水,这种水中除了水分子外,几乎没有什么杂质,更没有细菌、病毒及含氯二噁英等有机物,当然也没有人体所需的矿物质微量元素。

纯水和超纯水的区别。纯水是指既将水中易去除的强电介质去除,又将水中难以去除的硅酸及二氧化碳等弱电解质去除至一定程度的水,电导率小于 5.0 $\mu S/cm$,含盐量在 1.0 mg/L 以下。超纯水(高纯水)是指将水中的导电介质几乎全部去除,又将水中不离解的胶体物质、气体和有机物均去除至很低程度的水,电导率小于 0.2 $\mu S/cm$(25 ℃时电阻率达到 18 $M\Omega \cdot cm$),含盐量在 0.3 mg/L 以下。

3. 检验方法

检验纯水的方法包括物理方法和化学方法。物理方法即测定纯水的电导率。一般情况下,通过测定电导率对纯水进行检验。测定电导率时所用的电导率仪,其最小量程应大于 0.02 $\mu S/cm$。测定一、二级水时,电导池常数为 0.01~0.1,在线测量。测定三级水时,电导池常数为 0.1~1,通常是用烧杯接取 300~400 mL 水,立即测量。

特殊需要用水如生物化学、医药化学等实验用水还需要对其他相关项目进行检验。例如根据用水需要采用化学法测定 pH 值、氯化物及硅酸盐含量等。

1.5 化学试剂的分类、分级和用途

化学试剂种类繁多,世界各国对化学试剂的分类和分级标准不尽一致。国际纯粹化学与应用化学联合会(International Union of Pure and Applied Chemistry,IUPAC)将化学标准物质依次分为 A~E 五级。按用途分化学试剂可分为标准试剂、一般(通用)试剂、特效试剂、指示剂、溶剂、仪器分析专用试剂、高纯试剂、生化试剂等。下面主要介绍分析实验常用的标准试剂、一般试剂和高纯试剂。

1. 标准试剂

标准试剂是用于衡量其他待测物质化学量的标准物质。我国习惯将 IUPAC 的 C 级和 D 级标准试剂称为基准试剂和滴定分析标准试剂。标准试剂一般由大型试剂厂生产,并严格按照国家标准进行检验,标签使用浅绿色。主要国产标准试剂的类别和用途如表 1-2

所示。

表1-2 主要国产标准试剂的类别和用途

类别	相当于IUPAC的级别	用途
滴定分析第一基准试剂	C	滴定分析工作基准试剂的定值
滴定分析工作基准试剂	D	滴定分析标准溶液的定值
滴定分析标准溶液	E	滴定分析测定物质的含量
一级pH基准试剂	C	高精度pH计的校准
pH基准试剂	D	pH计的校准
气相色谱分析标准试剂	—	气相色谱分析
农药分析标准试剂	—	农药分析
有机元素分析标准试剂	E	有机物元素分析

2. 一般试剂

一般试剂指实验室普遍使用的试剂。我国的化学试剂一般分为四个等级,其中四级应用较少。此外还有生化试剂。一般试剂的级别、英文符号、标签颜色列于表1-3中。表中标签颜色为国标《化学试剂 包装及标志》(GB 15346—2012)所规定。

表1-3 一般试剂的级别、英文符号、标签颜色

级别	英文名称	英文符号	标签颜色
优级纯	guaranteed reagent	GR	深绿色
分析纯	analytical pure	AP	金光红色
化学纯	chemical pure	CP	中蓝色
基准试剂	standard reagent	SR	深绿色
(生物)染色试剂	dye reagent	DR	玫红色

3. 高纯试剂

高纯试剂是纯度远高于优级纯的试剂,是为专门的使用目的而用特殊方法生产的纯度最高的试剂。纯度为4个9(99.99%)的高纯试剂简写为4N。高纯试剂一般不用于标准溶液的配制,主要用于微量或痕量分析中试样的分解和试液的制备。

1.6 化学试剂的使用和存放

1. 根据实验要求选择合适规格的化学试剂

分析实验中应结合实验要求,根据所做实验的具体情况(如分析对象的含量、分析方法的灵敏度与选择性及对分析结果准确度的要求等),合理地选用相应级别和规格的试剂。一般情况下,选择合适规格试剂的原则为:

(1)滴定分析中一般使用分析纯试剂;

(2)仪器分析实验中一般使用优级纯、分析纯或专用试剂,痕量分析时多选择高纯试剂;

(3)由于高纯试剂和基准试剂的价格比一般试剂高。因此,在能满足实验要求的前提下,选用试剂的级别应尽可能低。

2. 化学试剂的取用

取用化学试剂时,首先要做到"三不",即不能用手接触试剂,不可直接闻气味,不得品尝任何试剂的味道。注意节约试剂,按规定取用,不要多取。注意试剂瓶塞或瓶盖要倒置于实验台面上。取用后立即塞紧盖好。有毒试剂的取用必须在教师指导下进行。

固体试剂的取用。一般用洁净干燥的药匙取用,并尽量送入容器底部。取用试剂后的镊子或药匙务必擦拭干净、不留残物。不能一匙多用。

试液的取用。从试剂瓶中取试液时,把试剂瓶上贴有标签的一面握在手心,将容器倾斜,使得瓶口与容器口相接触,倾斜试剂瓶倒出液体。或沿着洁净的玻璃棒将液体试剂引流入容量瓶或其他玻璃仪器中。

1.7 药品的称量和标准溶液的配制

1. 药品的称量

称量药品时需要用到天平(balance)。分析化学实验中常用到两种天平,即托盘天平(也叫架盘天平)和万分之一电子分析天平(见图1-3)。

托盘天平由托盘、指针、横梁、标尺、游码、砝码、平衡螺母、分度盘等组成。分度值一般为0.1 g或0.2 g。托盘天平的精确度不高,一般在称量较大质量的药品或者粗配溶液时使用托盘天平。

使用托盘天平称量药品时有以下注意事项。①首先要将天平放置在水平地方,将游码归零。②称量时注意不能将药品直接放在托盘上,应将称量物放在玻璃仪器或称量纸上,在天平上先称出玻璃仪器或纸片的质量,然后放上待测物进行称量,称量干燥的固体药品用称量纸;称量易潮解的药品,必须将其放在玻璃仪器上(如小烧杯、表面皿)里称量。③称量时在左托盘放称量物,右托盘放砝码(左物右码)。④取用砝码必须用镊子轻拿轻放,取下的砝码应放在砝码盒中。

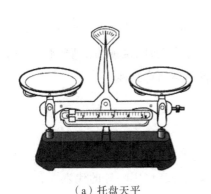
（a）托盘天平

（b）万分之一电子分析天平

图1-3　分析化学实验中常用到的天平

万分之一电子分析天平用来准确称量一定质量的药品，精度可达到0.0001 g。称量时先调零点，然后根据称量物的不同性质，可放在纸片、表面皿或称量瓶内进行称量。不能用电子分析天平称量超过天平最大载重量的物体。

2. 标准溶液的配制

标准溶液的配制方法分为直接法和间接法。当化学药品为基准物质时，可用直接法配制准确浓度的标准溶液，如0.1000 mol/L Na_2CO_3溶液的配制。当化学药品为非基准物质时，则须先用间接法配制近似浓度的标准溶液后，再进行标定。如配制0.1 mol/L NaOH溶液，或者0.1 mol/L HCl溶液，都需要用间接法配制。

直接法配制标准溶液的步骤：用万分之一电子分析天平准确称量一定质量的药品（精确至0.001 g）——→将称好的药品转移至烧杯中，加入少量的纯水溶解（可用玻璃棒搅拌）——→溶解好的药品转移至容量瓶中，用纯水将烧杯润洗2～3次，也转移到容量瓶中，加纯水至容量瓶刻度准确定容后摇匀（摇匀时右手压住容量瓶瓶塞，左手托住瓶底，将容量瓶旋转180°，振摇）——→将配好的溶液转移至试剂瓶中，在试剂瓶上贴上标签，标签上标明溶液的浓度、化学式、配制时间等。

间接法配制标准溶液的步骤：称量一定质量的药品——→将称好的药品转移至烧杯中，加入少量的纯水溶解（可用玻璃棒搅拌）——→将溶解好的药品移至容量瓶或量筒中，用纯水润洗烧杯2～3次，也转移到容量瓶或量筒中，加纯水至刻度定容——→摇匀——→用基准试剂或已知准确浓度的标准溶液标定——→将配好的溶液转移至试剂瓶中，在试剂瓶上贴上标签，标签上标明溶液的浓度、化学式、配制时间等。

1.8 质量保证与质量控制

分析化学的任务是确定物质的化学组成,测定各组成的量及表征物质的化学结构,从质量保证和质量控制的角度出发,要求分析数据具有代表性、准确性、精密性、可比性和完整性,能够准确地反映实际情况,这些都体现了分析结果的可靠性。

1. 质量保证

1)分析结果的可靠性

(1)代表性。代表性在很大程度上取决于样式的代表性,因此,在整个取样过程中应使获得的分析试样能反映实际情况,即具有时间、地点和环境影响等的代表性。

(2)准确性。准确性是反映分析方法或测量系统存在的系统误差的综合指标,它决定着分析结果的可靠性。分析数据的准确性将受到从试样的采集、保存、运输到实验室分析等环节的影响。

(3)精密性。精密性表示测定值有无良好的重现性和再现性,它反映了分析方法或测量系统存在的随机误差的大小。在考核精密度时还应注意以下几个问题:①分析结果的精密度与试样中待测物质的浓度水平有关;②精密度可因与测定有关的实验条件的改变而变动;③标准偏差的可靠程度受测量次数的影响;④质量保证和质量控制中通常以分析标准溶液的办法来了解方法的精密度。

(4)可比性。可比性是指用不同分析方法测定同一试样时,所得结果的吻合程度。通过标准物质的量值传递与溯源,以实现国际间、行业间的数据一致性、可比性,以及大的环境区域之间、不同时间之间分析数据的可比性。

(5)完整性。完整性强调工作总体规划的切实完成,即保证按预期计划取得有系统性和连续性的有效试样,而且无缺漏地获得这些试样的分析结果及有关信息。

分析结果的准确性、精密性主要在实验室内分析测试,而代表性、完整性则突出在现场调查、设计布点和采样保存等过程中,可比性则是全过程的综合反映。

2)分析方法的可靠性

(1)灵敏度。灵敏度是指某方法对单位浓度或单位质量待测物质变化所产生的响应量的变化程度。

(2)检出限。检出限为某特定分析方法在给定的置信度内可从试样中检出待测物质的最小浓度或最小量。灵敏度和检出限是两个从不同角度表示检测器对测定物质敏感程度的指标,前者越高、后者越低,检测器性能越好。检出限有仪器检出限和方法检出限两类:①仪器检出限指产生的信号比仪器噪音大3倍的待测物质的浓度,但不同仪器检出限定义有所差别;②方法检出限指当用一完整的方法,在99%置信度内,产生的信号不同于空白被测物质的浓度。

（3）空白值。空白值即除了不加试样外，按照试样分析的操作手续和条件进行实验得到的分析结果。空白值的测定能够全面反映实验室和分析人员的水平。

（4）测定限。测定限即定量范围的两端，分别为测定上限与测定下限，随精密度要求不同而不同。在测定误差能满足预定要求的前提下，用特定方法能准确地定量测定待测物质的最小浓度或量，称为该方法的测定下限。在测定误差能满足预定要求的前提下，用特定方法能够准确地定量测定待测物质的最大浓度或量，称为该方法的测定上限。

（5）最佳测定范围（有效测定范围）。最佳测定范围指在测定误差能满足预定要求的前提下，特定方法的测定下限至测定上限之间的浓度范围（见图1-4）。最佳测定范围应小于方法的适用范围。

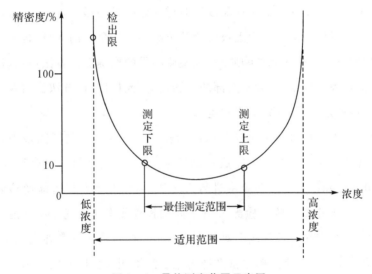

图1-4 最佳测定范围示意图

（6）校准曲线。校准曲线即描述待测物质浓度或量与相应的测量仪器响应或其他指示量之间的定量关系曲线。

（7）加标回收率。在测定试样的同时，于同一试样的子样中加入一定量的标准物质进行测定，将其测定结果扣除试样的测定值，计算回收率，即得加标回收率。加标回收率的测定可以反映分析结果的准确度。

（8）干扰实验。干扰实验即针对实际试样中可能存在的共存物，检验其是否对测定有干扰，并了解共存物的最大允许浓度的实验。干扰实验内容及注意事项：①针对实际样品中可能存在的共存物，检验其是否对测定有干扰，并了解共存物的最大允许浓度；②干扰实验可能导致的正或负的系统误差，与待测物浓度和共存物浓度大小有关；③干扰实验应选择两个（或多个）待测物浓度值和不同水平的共存物浓度的溶液进行实验测定。

2.质量控制

实验室质量控制是指对实验室内的各项工作、流程和结果进行监控和管理,确保实验室的工作质量符合要求。实验室质量控制是实验室管理中至关重要的一环,其目的在于:①建立科学、规范的工作流程,减少操作错误和实验误差,提高实验结果的准确性和可靠性,提高实验室的工作效率;②建立标准化的实验方法和操作规程,使得实验结果能够得到准确的再现,保证实验结果的可靠性和可重复性。

实验室内部质量控制的技术方法包括采用标准物质监控、人员比对、方法比对、仪器比对、留样复测、空白测试、重复测试、回收率实验、校准曲线核查及质量控制图进行质量评价。

(1)标准物质监控。通常的做法是实验时直接用合适的有证标准物质或内部标准样品作为监控样品,定期或不定期将监控样品以比对样或密码样的形式,与样品检测以相同的流程和方法同时进行检测,检测完成后上报检测结果给相关质量控制人员,也可由检测人员自行安排在样品检测时同时插入标准物质,验证检测结果的准确性。方法适用范围:仪器状态的控制、样品检测过程的控制、实验室内部的仪器比对、人员比对、方法比对及实验室间比对等。这种方法的特点是可靠性高,但成本也较高。

(2)人员比对。人员比对即由实验室内部的检测人员在合理的时间段内,对同一样品,使用同一方法,在相同的检测仪器上完成检测任务,比较检测结果的符合程度,判定检测人员操作能力的可比性和稳定性。实验室进行人员比对,比对项目尽可能使检测环节复杂一些,尤其是手动操作步骤多一些。检测人员之间的操作要相互独立,避免相互之间存在干扰。通常情况下,实验室在监督频次上对新上岗人员的监督高于正常在岗人员,且在组织人员比对时最好始终以本实验室经验丰富和能力稳定的检测人员所报结果为参考值。方法适用范围:考核新进人员、新培训人员的检测技术能力和监督在岗人员的检测技术能力。

(3)方法比对。方法比对即同一检测人员对同一样品采用不同的检测方法,检测同一项目,比较测定结果的符合程度,判定其可比性,以验证方法的可靠性。方法比对的考核对象为检测方法,主要目的是评价不同检测方法的检测结果是否存在显著性差异。比对时,通常以标准方法所得检测结果作为参考值,用其他检测方法的检测结果与之进行对比,方法之间的检测结果差异应该符合评价要求,否则,即证明非标方法是不适用的,或者需要进一步修改、优化。需要注意的是,由于整体的检测方法一般包括样品前处理方法和仪器方法,只要前处理方法不同,不管仪器方法是否相同,都归类为方法比对。但是,如果不同的检测方法中样品的前处理方法相同,仅是检测仪器设备不同,一般将其归类为仪器比对。方法适用范围:考察不同的检测方法之间存在的系统误差,监控检测结果的有效性,也用于对实验室涉及的非标方法的确认。

(4)仪器比对。仪器比对即同一检测人员运用不同仪器设备(包括仪器种类相同或不同等),对相同的样品使用相同检测方法进行检测,比较测定结果的符合程度,判定仪器性能的可比性。仪器比对的考核对象为检测仪器,主要目的是评价不同检测仪器的性能差异(如灵敏度、精密度、抗干扰能力等)、测定结果的符合程度和存在的问题。所选择的检测项目和检测方法应该能够适合和充分体现参加比对的仪器的性能。方法适用范围:实验室对新增或维修后仪器设备的性能情况进行的核查控制,也可用于评估仪器设备之间的检测结果的差异程度。进行仪器比对,尤其要注意保持比对过程中除仪器之外其他所有环节条件的一致性,以确保结果差异对仪器性能的充分响应。

(5)留样复测。留样复测即在不同的时间(或合理的时间间隔内),再次对同一样品进行检测,通过比较前后两次测定结果的一致性来判断检测过程是否存在问题,验证检测数据的可靠性和稳定性。若两次检测结果符合评价要求,则说明实验室该项目的检测能力持续有效;若不符合,应分析原因,采取纠正措施,必要时追溯前期的检测结果。事实上,留样复测可以认为是一种特殊的实验室内部比对,即不同时间的比对。留样复测应注意所用样品的性能指标的稳定性,即应有充分的数据显示或经专家评估,表明留存的样品赋值稳定。方法适用范围:有一定水平检测数据的样品或阳性样品、待检测项目相对比较稳定的样品,以及当需要对留存样品特性的监控、检测结果的再现性进行验证等。采取留样复测有利于监控检测结果的持续稳定性及观察其发展趋势;也可促使检验人员认真对待每一次检验工作,从而提高自身素质和技术水平。但要注意到留样复测只能对检测结果的重复性进行控制,不能判断检测结果是否存在系统误差。

(6)空白测试。空白测试又称空白实验,是在不加待测样品(特殊情况下可采用不含待测组分,但有与样品基本一致基体的空白样品代替)的情况下,用与测定待测样品相同的方法、步骤进行定量分析,获得分析结果的过程。空白实验测得的结果称为空白实验值,简称空白值。空白值一般反映测试系统的本底,包括测试仪器的噪声、试剂中的杂质、环境及操作过程中的沾污等因素对样品产生的综合影响,它直接关系到最终检测结果的准确性,可从样品的分析结果中扣除。通过这种扣除可以有效降低由于试剂不纯或试剂干扰等所造成的系统误差。方法适用范围:一方面可以有效评价并校正由试剂、实验用水、仪器及环境因素带入的杂质所引起的误差;另一方面在保证对空白值进行有效监控的同时,也能够掌握不同分析方法和检测人员之间的差异情况。此外,还能够准确评估该检测方法的检出限和定量限等技术指标。

(7)重复测试。重复测试即重复性实验,也称为平行样测试,指的是在重复性条件下进行的两次或多次测试。重复性条件指的是在同一实验室,由同一检测人员使用相同的设备,按相同的测试方法,在短时间内对同一被测对象相互独立地进行检测的测试条件。方法适用范围：实验室对样品制备均匀性、检测设备或仪器的稳定性、测试方法的精密度、检测人员的技术水平及平行样间的分析间隔等进行监测评价。需要注意的是，随着待测组分含量水平的不同，检测过程中对测试精密度可能产生重要影响的因素会有很大不同。

(8) 回收率实验。回收率实验也称加标回收率实验，通常是将已知质量或浓度的被测物质添加到被测样品中作为测定对象，用给定的方法进行测定，所得的结果与已知质量或浓度进行比较，计算被测物质分析结果增量占添加的已知量的百分比等一系列操作。该计算的百分比即称该方法对该物质的"加标回收率"，简称"回收率"。通常情况下，回收率越接近100%，定量分析结果的准确度就越高，因此可以用回收率的大小来评价定量分析结果的准确度。方法适用范围：各类化学分析中低含量物质检测结果控制，化学检测方法的准确度、可靠性的验证，化学检测样品前处理或仪器测定的有效性验证等。回收率实验具有方法操作简单、成本低廉的特点，能综合反映多种因素引起的误差，在检测实验室日常质量控制中有十分重要的作用。

(9) 校准曲线核查。为确保校准曲线始终具有良好的精密度和准确度，就需要采取相应的方法进行核查。对精密度，通常在校准曲线上取低、中、高 3 个浓度点进行核查。对准确度，通常采用加标回收率实验的方法进行核查。方法适用范围：待测样品组分浓度波动较大，且样品批量较大的情况。在检测过程中采用的校准曲线的精密度和准确度会受到实验室的检测条件、检测仪器的响应性能，检测人员的操作水平等多种因素的影响。定期的核查一方面可以验证仪器的响应性能，检测人员的操作规范稳定程度等，另一方面也可以同时得到绘制曲线时所用标准溶液的稳定性核查信息。

(10) 质量控制图。为控制检测结果的精密度和准确度，通常需要在检测过程中，持续地使用监控样品进行检测控制。对积累的监控数据进行统计分析，通过计算平均值、极差、标准差等统计量，按照质量控制图的制作程序，确定中心线、上、下控制限，以及上、下辅助线和上、下警告限，从而绘制出分析用控制图。通过分析用控制图，判断测量过程处于稳定或控制状态后，就可以将分析用控制图转换为控制用控制图，并将日常测定的控制数据描点，判断是否存在系统变异或趋势。方法适用范围：①当希望对过程输出的变化范围进行预测时；②当判断一个过程是否处于统计受控状态时；③当分析过程变异来源是随机性还是非随机性时；④当决定完成一个质量改进项目怎样防止特殊问题的出现，或对过程进行基础性的改变时；⑤当希望控制当前过程，问题出现时能察觉并对其采取补救措施时。

质量控制图(见图 1-5)无疑是质量控制活动中的一种重要的评价方法，但需要注意的是，这个方法的结论评价是依托于其他质控样品的检测数据而存在的，是通过对质控数据的统计分析而实现质量控制的目的的。因此，相比其他质量控制方法而言，它更倾向于一种评价质量控制数据的工具。

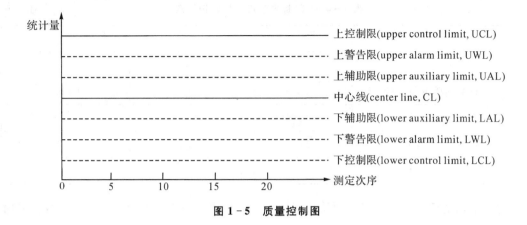

图 1-5 质量控制图

建立质控图(质量控制图)首先应分析质控样,按质控图的要求积累数据,经过统计处理,求得各项统计量,绘制出质控图后,常规分析中把标准物质(或质控样)与试样在同样条件下进行分析。如果标准物质(或质控样)的测定结果落在上、下警告限之内,表示分析质量正常,试样测定结果可信。质量控制图的原理是:

① 对于一组连续测试结果,从概率意义上来说,有 99.7% 的概率落在 $\pm 3\delta$(即上、下控制限—UCL、LCL)内,95.4% 应落在 $\pm 2\delta$(即上、下警告限—UWL、LWL)内,68.3% 应落在 $\pm \delta$(即上、下辅助限—UAL、LAL)内。

② 以测定结果为纵坐标,以测定顺序为横坐标,以预期值为中心线;$\pm 3\delta$ 为控制限,表示测定结果的可接受范围;$\pm 2\delta$ 为警告限,表示测定结果目标值区域,超过此范围给予警告,应引起注意;$\pm \delta$ 则为检查测定结果质量的辅助指标所在区间。

1.9 实验数据的记录、处理及实验报告的撰写

1. 实验数据的记录

实验过程中需如实记录观察或者测到的数据。如称量的药品质量、移取的液体体积、滴定分析中消耗的滴定剂体积、光度法中测得的物质的吸光度、溶液的 pH 值等。实验数据应直接记录在实验记录本上,不允许随意更改或删减。一般情况下,使用表格记录原始数据。表格上方要写明实验名称或实验记录内容。表头要注明实验次数(一般需进行三次平行实验)、数据名称和单位(见表 1-4)。实验结束后,将实验数据报指导教师检查并签字后方可离开实验室。

记录测定结果时,根据仪器的精度,保留一位可疑数字。例如:用移液管准确移取 50 mL 液体时,记录为 50.00 mL;用万分之一电子分析天平称量 5 g Na_2CO_3 药品时,记录为 5.0000 g;滴定管读数的记录为 0.01 mL。

表1-4 HCl标准溶液的标定记录表　　　　　　　　　　年　月　日

指标	测定次数		
	Ⅰ	Ⅱ	Ⅲ
碳酸钠质量/g	0.5281	0.5056	0.5102
HCl 开始读数/mL	0.00	0.00	0.00
HCl 最后读数/mL	25.01	23.88	24.21
$c_{HCl}/(mol \cdot L^{-1})$			

分析数据的记录整理要确保原始数据的正确记录和数据的正确运算。在记录数据的时候必须考虑计量器具的精密度、准确度及测试人员的读数误差。在数据运算时要注意遵照有效数字运算规则，不得随意增减有效数字位数。分析数据有效性检查是在提交分析报告之前进行的，应按实验室质量控制要求，对分析数据进行全面检查，并根据"离群数据的统计检验"（如狄克逊（Dixon）检验法、格拉布斯（Grubbs）检验法、3t 分布检验法等）的规定，剔除失控数据。对平行试样的分析数据要按规定的相对误差容许范围进行检查，舍弃不平行的数据。分析数据离群值检验中，对于离群值，必须首先从技术上弄清楚原因，若查明因实验技术的失误引起，应舍弃，不必参加统计检验。若未查明原因，则不能轻易决定弃留，应对其进行统计检验，如果确认为异常值，应舍弃；如不是异常值，即使是极值，也应予以保留。分析数据统计检验运用数理统计检验的程序与方法，可以判别两组数据间是否存在显著差异（如 t 检验和 F 检验）。分析数据方差分析就是通过分析数据，弄清与研究对象有关的各个因素对该对象是否存在影响及影响的程度和性质，方差分析要求同一水平的数据应遵从正态分布，各水平试验数据的总体方差都应相等，因此，通常要用样本方差检验总体方差的一致性。分析数据回归分析中经常遇到相互间有一定联系的变量，其主要用于建立校准曲线、进行同一试样不同分析项目数据间的相关分析、不同仪器测定同一物质所得结果的相关分析、不同时期物质浓度的相关分析、不同测定方法所得分析结果的相关分析等。

2. 实验数据的处理

首先列出计算所用的公式，根据"先计算，再平均"的原则将原始数据代入公式中进行计算后，求取三次测定结果的平均值（$\bar{x}$），并计算其相对标准偏差（relative standard deviation, RSD），最终结果以"$\bar{x} \pm RSD$"的形式给出。注意实验结果的有效数字保留，要根据分析化学课程中讲述的"有效数据的计算及修约规则"保留正确位数的有效数字。

如表1-4"HCl标准溶液的标定"中计算盐酸溶液的浓度时，实验数据的处理过程为

$$c_{HCl} = \frac{m_{Na_2CO_3}}{53.0 \times V_{HCl}} \times 1000 \text{ mol/L}$$

$$c_1 = \frac{0.5281}{53.0 \times 25.01} \times 1000 \text{ mol/L} = 0.3984 \text{ mol/L}$$

$$c_2 = \frac{0.5056}{53.0 \times 23.88} \times 1000 \text{ mol/L} = 0.3995 \text{ mol/L}$$

$$c_3 = \frac{0.5102}{53.0 \times 24.21} \times 1000 \text{ mol/L} = 0.3976 \text{ mol/L}$$

$$\bar{c} = \frac{0.3984 + 0.3995 + 0.3976}{3} \text{ mol/L} = 0.3985 \text{ mol/L}$$

$$\text{RSD} = \frac{\sqrt{\dfrac{\sum_{i=1}^{3}(x_i - \bar{x})^2}{n-1}}}{\bar{x}} \times 100$$

$$\text{RSD} = \frac{\sqrt{\dfrac{(0.3984 - 0.3985)^2 + (0.3995 - 0.3985)^2 + (0.3976 - 0.3985)^2}{3-1}}}{\bar{x}} \times 100$$

$$= 0.2394$$

HCl 溶液的浓度为：$0.3985 \pm 0.2394 (\text{mol/L})$。

3. 实验报告的撰写

报告册封面。在实验报告册封面上准确写下实验科目（如：分析化学实验）、实验指导教师姓名、实验时间、同组人员信息等。必要时记录天气、气温、湿度等信息。

实验名称。准确、完整地书写实验名称。

实验目的。简练描述实验目的。

实验原理。简练描述实验原理，必要时用化学反应方程式结合文字描述。

实验所用仪器和试剂。先介绍实验中所用到的仪器名称、型号、数量和规格，再介绍所用试剂的名称、用量和规格。

实验步骤。实验步骤的撰写要较详细，根据实际进行操作时的顺序按照(1)、(2)、(3)等的步骤书写。注意对"量"的描述要准确。如："用移液管移取 50.00 mL（不能写成 50 mL!）待测定水样置于 250 mL 锥形瓶中；用万分之一电子分析天平称量 0.5000 g（不能写成 0.5 g!）Na_2CO_3 固体粉末，放入烧杯中加少量水溶解"等。注意不能全部从实验指导书中抄写。尤其是实际实验中的取样量有变化或实际测定方法或步骤有调整时，一定要根据实际实验内容进行撰写。

原始数据记录。尽量采用表格形式记录原始数据（见表 1-4），注意原始数据不能随意涂改。记录的数据应有指导教师签名。

数据处理。处理数据时，先列出计算公式，然后再将相应的数据代入公式进行计算。对于平行数据,要按照"先计算,后平均"的方法处理。即将每个平行数据都分别代入公式进行计算,得到三个结果值后,取三个结果值的平均值,计算相对标准偏差(RSD),最终结果以"$\bar{x} \pm \mathrm{RSD}$"的形式给出。

实验结果。以"文字描述结合数据处理结果"的形式给出最终结果。

问题和讨论。结合实际实验操作情况,认真分析实验过程中产生误差的原因。对有关实验内容、实验教学方法等方面提出自己的意见和建议。

4. 实验考核与成绩评定

分析化学实验的最终成绩包括平时成绩(包括实验预习情况、实验操作水平等)和实验报告成绩。每个实验的评分标准如表1-5所示。

表1-5 分析化学实验评分标准

项目	成绩/分	项目	成绩/分
课前准备	10	实验态度	5
实验操作	20	安全清洁	5
实验数据	10	实验报告	50

注:总分为百分制。

1.10 实验室安全风险评价与管理

1.10.1 实验室安全风险评价与管理概述

风险评价是指量化测评某一事件或事物带来的影响或损失的可能程度,客观地认识事物(系统)存在的风险因素,通过辨识和分析这些因素,判断危害发生的可能性及严重程度,从而采取合适的措施降低风险概率的过程。

高校实验室是进行教学、科研和生产开发、人才培养的重要基地,是办好学校的基本条件之一,也是反映学校教学水平、科学技术水平和管理水平的一项重要标志。同时,高校实验室也可能成为安全事故的引发场地。随着高校招生和实验室规模的不断扩大,实验室安全的内涵更丰富、类型更加多元化,实验室存在的安全隐患也变得日趋复杂。国外高校的实验室安全管理体系主要有"美国模式"(集中管理式)和"英国模式"(集中+分散管理式)两种模式。作为强调动手实践的理工类高校,对实验室安全管理工作理应提出更高的要求,即在充分分析实验事故发生的特点和规律的基础上,构建实验室事故风险量化评价方法,为专业实验室安全的精准管理提供支持。本书研究内容对构建科学、高效的实验室安全风险定量评价和管控系统,完善高校实验室安全管理体系具有重要的现实意义。

针对高校实验室安全管理现状,通过引入国际通行的环境、健康和安全(environmental、healthy and safety,EHS)模式,在实验室建设的规划、选址、设计和危险实验项目实施的前期阶段,构建实验室安全事故发生和潜在风险的管理与快速响应的风险精准量化控制系统,通过实验室危险源辨识和多角度的风险定量模型优化,构建适应高校专业实验室安全管理要求的精准安全管理体系,实现安全管理制度顶层设计和实验室项目安全评价的量化对接,可以充分提高实验室管理的科学化水平,加强风险的预估和管控能力,为实验室安全运行与和谐校园建设提供有力保障。

高校实验室安全风险评价与管理工作的主要内容包括:

(1)通过实验室危险源项调查和风险评估的途径,在充分辨识危险源的基础上,对风险因素的影响过程和结果进行最大程度的定量分析,以确定风险的严重程度和风险发生的可能性等级。

(2)形成风险综合评价矩阵和综合评价等级指数,构建风险评价模型,建立一套行之有效的实验室安全风险定量评价系统。

(3)完成实验室安全监管和保障管理措施与实验室项目运行的精准对接,构建科学、高效的专业实验室安全风险管控系统,针对可能导致风险的因素和环节提出建议措施,降低风险发生的可能性和影响的严重性,从而形成完备的高校实验室安全风险评价与管理体系。

1.10.2 实验室安全风险评价流程

(1)开展实验室安全风险源项调研,选择研究的方法并制定研究方案。

(2)完成实验项目风险因素分析、实验室安全环境分析。主要包括5个步骤:①进行风险评价;②制定危险源辨识与评价表;③根据风险评价的结果,制定安全措施和安全管理方案。

(3)完成实验项目安全风险分级模型选择及构建。主要包括5个步骤:①采用层次分析法,建立实验室安全风险评价指标体系;②构造判断矩阵;③计算各指标权重向量;④一致性检验;⑤进一步采用模糊评价法,确定指标层隶属度,进行综合风险估算。

1.10.3 实验室安全风险评价方法

(1)风险分级。根据后果的严重程度和发生事故的可能性来进行评价,其结果从高到低分为:1级、2级、3级、4级、5级。分级的标准见表1-6。

表1-6 风险分级标准

风险级别	风险名称	风险说明
1	不可容许风险	事故潜在的危险性很大,并难以控制,发生事故的可能性极大,一旦发生事故将会造成多人伤亡
2	重大风险	事故潜在的危险性较大,较难控制,发生事故的频率较高或可能性较大,容易发生重伤或多人伤害,或会造成多人伤亡; 粉尘、噪声、毒物作业危害程度分级均达Ⅲ、Ⅳ级
3	中度风险	虽然导致重大事故的可能性小,但经常发生事故或未遂过失,潜伏有伤亡事故发生的风险; 粉尘、噪声、毒物作业危害程度分级均达Ⅰ、Ⅱ级,高温作业危害程度达Ⅲ、Ⅳ级
4	可容许风险	具有一定的危险性,虽然重伤的可能性较小,但有可能发生一般伤害事故; 高温作业危害程度达Ⅰ、Ⅱ级;粉尘、噪声、毒物作业危害程度分级均为安全作业,但对职工休息和健康有影响
5	可忽视风险	具有一定的危险性,虽然重伤的可能性较小,但有可能发生一般伤害事故; 高温作业危害程度达Ⅰ、Ⅱ级;粉尘、噪声、毒物作业危害程度分级均为安全作业,但对职工休息和健康有影响

(2)由事故后果与可能性的综合评价结果得出的风险级别见表1-7。

表1-7 由事故后果与可能性综合评价结果得出的风险级别

后果	可能性		
	极不可能	可能	不可能
轻微伤害	5	4	3
一般伤害	4	3	2
严重伤害	3	2	1

(3)LECD评价法。该方法是美国的格雷厄姆(K.J.Graham)和金尼(G.F.Kjnney)研究了人们在具有潜在危险环境中作业的危险性,提出了以所评价的环境与某些作为参考环境的对比为基础,将作业任务条件的危险性看作因变量,将事故或危险事件发生的可能性、暴露于危险环境的频率及危险严重程度看为自变量,确定的它们之间的函数关系式。根据实际经验,他们对各种不同情况下的自变量进行打分,然后根据公式计算出其危险性分数

值,再将危险性分数值在危险程度登记表或图上进行比对,进而查出其危险性。这是一种简单易行的评价作业条件危险性的方法。这一方法的具体表述是,对于一个具有潜在危险性的作业条件,格雷厄姆和金尼认为,影响危险性的主要因素有3个:L——发生事故或危险事件的可能性;E——暴露于危险环境的频繁程度;C——事故一旦发生可能产生的后果的严重性。用公式来表示,则为$D=LEC$,式中,D为风险性分值。确定了上述3个具有潜在危险性的作业条件的分值(总表见表1-8,L、E、C的取值分别见表1-9、表1-10、表1-11),并按公式进行计算,即可得风险性分值D。据此,要确定某一作业条件的危险性程度时,按表1-12所示的分值进行风险等级的划分或评定即可。

表1-8 危险源LECD评价方法

发生事故或危险事件的可能性L	暴露于危险环境的频繁程度E	事故一旦发生可能产生的后果的严重性C	风险性分值D
0.1:实际不可能	0.5:非常罕见地暴露	1:引人注目,需要救护或损失1万元以下	0~20:稍有危险,可以接受,风险等级5
0.2:极不可能	1:每年几次暴露	3:重大,致残或损失在1万元~10万元范围内	20~70:一般危险,需要注意,风险等级4
0.5:很不可能,可以设想	2:每月几次暴露	7:严重,重伤或损失在10万元~100万元范围内	70~160:显著危险,需要整改,风险等级3
1:可能性小,完全意外	3:每周一次或偶然暴露	15:非常严重,一人死亡或损失100万元~1000万元范围内	160~320:高度危险,需立即整改,风险等级2
3:可能,但不经常	6:每天工作时间内暴露	40:灾难,数人死亡或损失在1千万元~1亿元范围内	>320:极其危险,不能继续作业,风险等级1
6:相当可能	10:连续暴露	100:大灾难,十人以上死亡或损失大于1亿元	—
10:完全可以预料	—	—	—

表1-9 发生事故或危险事件的可能性

L 值	发生事故或危险事件的可能性
10	完全可以预料
6	相当可能
3	可能,但不经常
1	可能性小,完全意外
0.5	很不可能,可以设想
0.2	极不可能
0.1	实际不可能

表1-10 暴露于危险环境的频繁程度

E 值	暴露于危险环境的频繁程度
10	连续暴露
6	每天工作时间暴露
3	每周一次暴露
2	每月一次暴露
1	每年几次暴露
0.5	非常罕见地暴露

表1-11 事故一旦发生可能产生的后果的严重性

C 值	事故一旦发生可能产生的后果的严重性
100	大灾难,十人以上死亡
40	灾难,数人死亡
15	非常严重,一人死亡
7	严重,重伤
3	重大,致残
1	引人注目,需要救护

表 1-12 风险等级划分

D 值	危害程度	风险级别
>320	极其危险,不能继续作业	1
160~320	高度危险,要立即整改	2
70~160	显著危险,需要整改	3
20~70	一般危险,需要注意	4
<20	稍有危险,可以接受	5

由经验可知,风险性分值在20以下的环境属低风险性,一般可以被人们接受,这样的风险性比骑自行车通过拥挤的马路去上班之类的日常生活的风险性还要低。当风险性分值为20~70时,则需要加以注意。同样,根据经验,当风险性分值为70~160的情况时则有明显的危险,需要采取措施进行整改。风险性分值为160~320的作业条件属高度危险的作业条件,必须立即采取措施进行整改。当风险性分值在320以上时,则表示该作业条件极其危险,应该立即停止作业直到作业条件得到改善为止。风险评价要联系实际,参照以往的经验和控制效果,既要评价可能发生的事故后果,更要实事求是地分析事故发生的可能性。

1.10.4 实验室安全风险源辨识

实验室安全风险源辨识优先选用直接判断法,也可以采用作业条件危险性评价等方法。对下述情况可直接定为较高级别的风险:①不符合职业健康安全法律法规和其他要求;②相关方有合理抱怨或要求;③曾经发生过事故现今未采取防范、控制措施的;④直接到可能导致危险的错误,且无适当控制措施的。

当发生如下情况时,可确定为重大风险源:①违反法律法规和其他要求的;②风险评价定为1级、2级风险的风险源。

对应风险评价结果和上述要求,可得表 1-13。

表 1-13 风险控制措施表

风险级别		控制措施
代号	名称	
5	可忽视风险	不需采取措施且不必保留文件记录
4	可容许风险	可保持现有控制措施,即不需另外的控制措施,但应考虑投资效果更佳的解决方案和可不增加额外成本的改进措施,需要检测来确保控制措施得以维持

续表

风险级别		控制措施
代号	名称	
3	中度风险	应努力采取措施降低风险,但应仔细测定并限定预防成本;应在规定时间内实施风险减少措施,如条件不具备,可考虑长远措施和当前简易控制措施;在中度风险与严重伤害后果相关的场合,必须进一步评价,更准确地确定伤害的可能性,确定是否需要改进控制措施,是否需要制定目标和管理方案
2	重大风险	直至风险降低后才能开始工作。为降低风险有时必须配给大量的资源,当风险涉及正在进行中的工作时,应采取应急措施,制定目标和管理方案
1	不可容许风险	只有当风险已降低时,才能开始或继续工作。若即便经无限的资源投入也不能降低风险,必须禁止工作

1.10.5 实验室安全风险管控方法

根据风险评价的结果,制定安全措施和安全管理方案。

制定风险控制的原则:应优先选择消除风险的措施,其次是采取措施降低风险(如采用技术和管理方案或增设安防监控、报警、连锁、防护或隔离措施)。风险控制措施计划应在实施前予以评审,评审应针对以下内容进行:①计划的控制措施是否使风险降低到可容许水平;②是否产生新的危险源;③是否已选定了投资效果最佳的解决方案;④受影响的人员如何评价计划的预防措施的必要性和可行性;⑤计划的控制措施是否会被应用于实际工作中。

1.10.6 实验室安全风险分级管理体系构建

(1)管理体系设计思路。针对高校实验室安全管理现状,通过引入国际通行的 EHS 模式,在实验室建设的规划、选址、设计和危险实验项目实施的前期阶段,构建实验室安全事故发生和潜在风险的管理与快速响应的风险精准量化控制系统。首先,通过实验室危险源项调查和风险评估的途径,在充分辨识危险源的基础上,对风险因素的影响过程和结果进行最大程度的定量分析,以确定风险的严重程度和风险发生的可能性等级。其次,形成风险综合评价矩阵和综合评价等级指数,构建风险评价模型,建立一套行之有效的实验室安全风险定量评价系统。最后,完成实验室安全监管和保障管理措施与实验室项目运行的精准对接,构建科学、高效的专业实验室安全风险管控系统,针对可能导致风险的因素和环节提出建议措施,降低风险发生的可能性和影响的严重性,从而形成完备的高校实验室安全风险评价与管理体系。

(2)系统辨识实验室安全危险源。通过危险源类别比重,将高校现有实验室划分为6类:化学类、生物类、机电类、电子类、信息类、规划设计类。设计将人为的因素排除在外的危险源辨识工作表,覆盖现有各类型实验室客观危险因素,设置危险工艺内容调查,使之更贴合高校实验室实际情况。依据工作表对高校实验室开展全面的安全危险源辨识,并采用优选的风险评价方法分门类、分区域核算出危险源等级,采用层次结构建立风险量化评级体系,为后续工作建立系统引导。

(3)构建风险评价模型。基于模糊层次分析法(fuzzy analytic hierarchy process, fuzzy AHP)的风险量化方法构建实验室安全风险分级模型,具体分为四个步骤:①风险因素层次分析结构的建模;②fuzzy(模糊)风险判断矩阵的构造和一致性检查;③fuzzy风险判断矩阵的排序;④风险因素层次总排序。通过各层次风险因素fuzzy比较判断矩阵的单排序计算,得到同一层次所有元素相对于最高层的重要性比较,在此基础上进行风险因素的层次总排序。重复上述过程至最低层,便可以得到所有风险因素相对于目标层(实验项目风险等级)的排序权重,从而实现所有实验项目的风险等级排序,继而建立实验室分级准入制度,并对实验室及其区域进行安全等级划分。

(4)构建实验室"大安全"管理系统。其主要包括:建立学校实验室管理处、二级院系和实验室的三级安全管理责任体系,对口落实安全责任人;建立面向专业认证的实验室安全管理水平评价指标体系和实验室安全等级准入信息系统;依托管理信息系统构建安全在线巡检机制,制定系统化的实验室安全教育培训计划。通过实验室管理处协同工作方式,对实验室填报的所有安全危险源项数据进行筛查,并结合实地调研分析,建立实验室危险源数据库,计算危险源类别比重,以期获得准确的系统数据基础。

1.10.7 实验室安全风险防控措施

1. 管理制度

(1)实验室准入制度。实验室所有人员应经过必要的安全教育和培训,掌握各项实验室安全管理办法和基本知识,熟悉各项操作规程,经考核合格后方可进入实验室学习、工作。不得带无关人员进入实验室。

(2)安全值班制度。实验室值班人员或工作人员当班时须进行安全检查,严格做到三查(查电路、查仪器设备、查试剂存放)、四防(防火、防爆、防盗、防事故)、五关(关门、关窗、关水、关电、关气)。

(3)未经批准严禁私自在实验室从事高危病原的微生物实验、易燃易爆实验及高毒性实验等。如果需要进行的需按规定向有关部门申请。

(4)实验室不得存放任何剧毒、危险物品;确实需要的经学院批准,统一购买、统一管理,并严格按照公安部门有关规定办理,不准超量购买剧毒、危险物品。

(5)各个实验室不得擅自排放强酸、强碱、高毒、高传染性等污染废水。应依照规定处置安排,统一回收,交给有相应资质的单位处理。

2.实验注意事项

1)水电安全

(1)实验室内应使用空气开关并配备必要的漏电保护器;电气设备应配备足够用的电功率和电线,不得超负荷用电;电气设备和大型仪器应接地良好,对电线老化等隐患要定期检查并及时排除。

(2)实验室固定电源插座未经允许不得拆装、改线,不得乱接、乱拉电线,不得使用闸刀开关、木质配电板和花线。

(3)电线采用"走上不走下"的方式进行接线,严禁由地面过桥连线。必要的话必须从天花板通过线盒引线后,通过立管固定,对实验室进行配线供电。对用水的化学或其他实验室尤其要这样。

2)化学品泄漏

(1)必须立即消除泄漏于污染区域内的各种火源,救援器材应具备防爆功能,并采取有效措施防止泄漏物进入下水道、地下室或受限空间。

(2)泄漏源控制:根据现场泄漏情况,采取关阀断料、开阀导流、排料泄压、火炬放空、倒罐转移、应急堵漏、冷却防爆、注水排险、喷雾稀释、引火点燃等措施控制泄漏源。

(3)泄漏物清理:大量残液用防爆泵抽吸或使用无火花盛器收集,集中处理;少量残液用稀释、吸附、固化、中和等方法处理。

3)火灾

遇到火灾要关闭火灾部位的上下游阀门,切断物料来源,用现有消防器材扑灭初期火灾,并控制火源。

4)现场急救

应急救援人员必须佩戴个人防护用品并迅速进入现场危险区,将中毒人员移至安全区域,根据受伤情况进行现场急救,并视实际情况迅速将受伤、中毒人员送往医院抢救。

第二编 验证性实验

第二篇

第 2 章

滴定分析

2.1 滴定分析法简介

滴定分析法,或称容量分析法,是一种简便、快速且应用广泛的定量分析方法,在常量分析中有较高的准确度。

滴定分析法的一般操作。准确移取一定体积的待测溶液放入锥形瓶中,加入少量指示剂摇匀,利用滴定管将一种已知准确浓度的试剂溶液(称为标准溶液)滴加到待测溶液中,边滴定边摇动锥形瓶,直到锥形瓶中溶液的颜色发生改变时停止滴定。然后根据所用滴定剂的浓度和体积即可求得被测组分的含量。滴定分析法适合于常量组分(样品中待测组分含量高于1%)的分析。

根据滴定剂和待测物所发生的化学反应类型的不同,滴定分析法可分为酸碱滴定法、沉淀滴定法、氧化还原滴定法和配位滴定法。这四种滴定分析方法对于环境样品的分析具有十分重要的作用。酸碱滴定法可用于测定水样的酸度、碱度;配位滴定法可用于测定水样的硬度,当环境样品中的金属离子浓度较大时,可利用配位滴定法进行测定。氧化还原滴定法可测定水体的溶解氧、高锰酸盐指数、化学需氧量、生物化学需氧量等指标;沉淀滴定法可用于水中余氯的测定等。

2.2 滴定分析装置

滴定分析中常用的装置有滴定管(酸式、碱式)、铁架台、锥形瓶(碘量瓶)、移液管和吸量管等。所用装置如图2-1~图2-6所示。

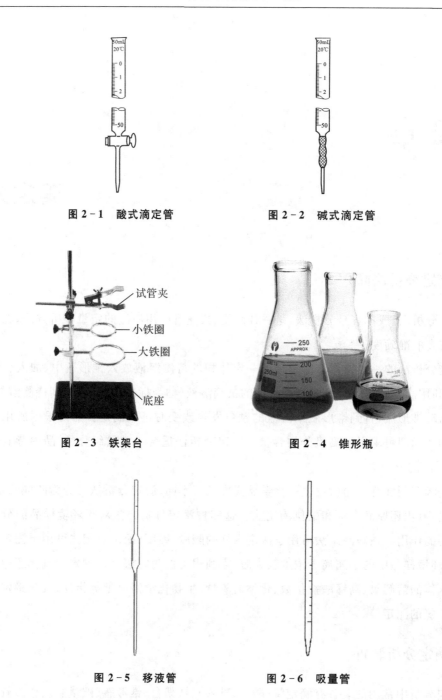

图 2-1 酸式滴定管　　图 2-2 碱式滴定管

图 2-3 铁架台　　图 2-4 锥形瓶

图 2-5 移液管　　图 2-6 吸量管

2.3　滴定分析的基本操作

2.3.1　配制标准溶液

(1)称重。用天平称量固体质量或用量筒量取液体体积。

(2)溶解。在烧杯中溶解或稀释溶质,恢复至室温。

(3)定量转移。容量瓶使用之前,应检查塞子是否与瓶配套。将容量瓶盛水后塞好,左手按紧瓶塞,右手托起瓶底使瓶倒立,检查容量瓶不漏水方可使用。瓶塞应用套环或皮筋系于瓶颈,不可随便放置以免沾污或错乱。然后将烧杯内冷却后的溶液沿玻璃棒小心转入一定体积的容量瓶中。溶液转移后,应将烧杯沿玻璃棒微微上提。同时,使烧杯直立,避免沾在杯口的液滴流到杯外,再把玻棒放回烧杯。

(4)洗涤。用洗瓶吹洗烧杯内壁和玻棒,并将洗涤液全部转入容量瓶中,反复此操作3~5次以保证转移完全。

(5)定容。定量转移完成后,先加入稀释剂至容量的一半,水平振荡容量瓶,使溶液混合均匀。然后向容量瓶中加入稀释剂,至刻度线以下1~2 cm处时,改用胶头滴管继续滴加稀释剂,使溶液凹面恰好与标称刻度线相切。盖好瓶塞,用食指压住塞子,其余四指握住颈部,另一手(五只手指)将容量瓶托住并反复倒置,摇荡使溶液完全均匀,完成定容。

配好的溶液要及时装入试剂瓶中,盖好瓶塞并贴上标签(标签中应包括药品名称和溶液中溶质的质量分数或摩尔分数),放到相应的试剂柜或冰箱中保存。

溶液转移和定容方法如图2-7所示。

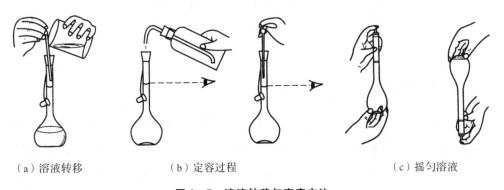

(a)溶液转移　　　　(b)定容过程　　　　(c)摇匀溶液

图2-7　溶液转移与定容方法

2.3.2　移取溶液

(1)洗涤。移液管在使用前必须用洗涤剂或铬酸洗液洗涤。用洗耳球吸入洗涤剂至移液管膨体部分的一半(或刻度容量的三分之一处),放平移液管再旋转几周使内部玻壁均与之接触,随后放出洗涤剂(若用铬酸洗液,则应放回原装洗液瓶内),用自来水冲洗数次后再用蒸馏水冲洗干净。

(2)移取溶液具体操作。移取溶液前,先移取少量该溶液润洗移液管,润洗与洗涤方法相同。然后插入溶液中,用洗耳球吸取溶液至刻度以上,立即用食指按紧移液管口然后取出,轻微减轻食指压力并转动移液管使溶液慢慢流出,水平观察液面,当液面的弯月面下缘

（或较深色溶液的上缘）达到与刻度相切时，立即按紧食指，用滤纸片将沾在移液管下端的试液擦去（注意：滤纸片不可贴在移液管嘴，以免吸去试液）后，将其垂直插入接受器，使移液管下端与接受器内壁接触并将接受器稍倾斜，全放开食指让溶液自由流下，待溶液完全流出后，按规定，稍候15 s才可取出移液管。移液管移取溶液如图2-8所示。

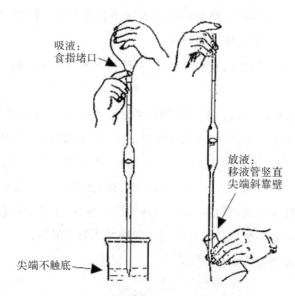

图2-8 使用移液管移取溶液的方法

2.3.3 滴定管的洗涤

滴定管是滴定分析中用来准确测量流出标准溶液（滴定剂）体积的一种量器。常用的滴定管有两种：酸式滴定管和碱式滴定管。酸式滴定管下方为玻璃旋塞开关，用来盛放酸性溶液（各种酸）或氧化性强的溶液（如$KMnO_4$溶液、I_2溶液等）。碱式滴定管下方用乳胶管将滴定管主体与尖嘴玻璃管连接起来，乳胶管中部有一玻璃珠，通过挤压玻璃珠可以控制溶液的流出。碱式滴定管用于盛放碱性溶液（如NaOH溶液等）。

滴定管在使用前应进行洗涤。洗涤时先用自来水冲洗，然后用纯水润洗2～3次，最后用所盛放的溶液润洗2～3次。在用待盛放溶液润洗滴定管时，将大约10 mL溶液从滴定管上端口缓缓倒入滴定管中（注意从盛放溶液的试剂瓶直接倒入滴定管中，不能借助漏斗、烧杯或移液管等），两手分别握住滴定管两端，缓慢将滴定管放平，转动滴定管使溶液浸润全部管内壁，再将溶液分别从下端流液口和上端口放出弃去。

2.3.4 使用前检查

使用酸式滴定管前，先检查旋塞转动是否灵活，然后检查是否漏水。检查是否漏水的方法是先将旋塞关闭,使滴定管内充满水,固定在铁架台上,放置2~3 min,观察管口及旋塞两端是否有水渗出;继而再将旋塞转动180°,放置2~3 min,看是否有水渗出。若两次均无水渗出,即可正常使用。若有渗水现象或者旋塞转动不灵活,需要将旋塞周围涂上真空硅脂后再使用。

真空硅脂的涂法。将酸式滴定管中的水倒掉后平放在实验台上,抽出旋塞,用滤纸将旋塞和旋塞窝槽处的水擦干。用玻璃棒蘸少许真空硅脂,在旋塞两头均匀地涂上一薄层[见图2-9(a)]。注意不要将真空硅脂涂到旋塞孔里或者近旁,以免堵住塞孔。涂好后,将旋塞插入旋塞槽中,插时塞孔应与滴定管平行[见图2-9(b)]。然后沿同一方向旋转旋塞,直至油膜呈均匀透明状[见图2-9(c)]。

 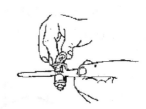

(a)抽出旋塞涂真空硅脂　　　(b)在内壁涂真空硅脂　　　(c)插入旋塞沿同一方向旋转旋塞

图2-9　玻璃旋塞涂真空硅脂的方法

对于碱式滴定管,使用前也要将碱式滴定管内注满水,静置2 min,如果不漏水,则挤压乳胶管内的玻璃珠,变动其位置后,再静置2~3 min。观察乳胶管附近及管末端是否有水渗出。如果有水漏出,则需更换乳胶管或者适宜大小的玻璃珠。

2.3.5　滴定分析操作

(1)滴定剂的装入。先用滴定剂润洗已经洗干净的滴定管2~3次,然后将滴定剂直接从试剂瓶中倒入滴定管中,不能使用其他容器(如烧杯、漏斗、移液管)等进行转移。将滴定剂加至高出"0"刻度线。

(2)滴定管排气泡。灌满溶液后,应检查滴定管下方出口段是否留有气泡。对于酸式滴定管,可迅速转动旋塞,使溶液快速冲出,将气泡带走;对于碱式滴定管,右手拿住滴定管上端使其倾斜一定角度,左手捏挤滴定管玻璃珠部位,并使乳胶管上翘,同时挤压乳胶管,使滴定剂急速喷出的同时赶出气泡。排出气泡后,调节液面至"0"刻度处,进行滴定。

(3)滴定分析操作。滴定时,将滴定管垂直夹在铁架台上,在铁架台下方衬一张白纸。使用酸式滴定管时,左手控制滴定管的旋塞,拇指在前,食指和中指在后,手指微微弯曲,轻轻向内扣住旋塞旋转至滴定剂流出[见图2-10(a)];注意不要用手心顶着旋塞,防止旋塞松动漏液。使用碱式滴定管时,左手拇指在前,食指在后,其余三指与食指并拢,夹住乳胶管[见图2-10(b)];用拇指与食指的指尖轻轻挤压玻璃珠右侧的乳胶管,使乳胶管与玻璃珠之间形成一小缝隙,使滴定剂流出;注意不要使玻璃珠上下移动,也不要挤压玻璃珠下部乳胶管。停止滴定时,先松开拇指和食指,再松开其余三个手指。

如图 2-10(c)、(d)所示,滴定管不能离开瓶口过高,也不接触瓶口,即在未开始滴定时,锥形瓶可以方便地移开,在滴定操作时,滴定管嘴伸入锥形瓶但不超过瓶颈。右手握住锥形瓶的瓶颈,一边滴定,一边向同一方向旋转摇动锥形瓶,使瓶内溶液混合均匀又不会溅出。滴定过程中左手不要离开旋塞,以便根据溶液颜色变化情况随时调整滴定速度。滴定开始时速度可快些,但是滴定剂下落的速度应"线流见滴"。接近终点时滴定速度要放慢。小心放出(酸式滴定管)或挤出(碱式滴定管)半滴或一滴滴定剂,提起锥形瓶,令其内壁与滴定管嘴轻轻接触,使挂在滴定管嘴的半滴或一滴滴定剂沾在锥形瓶内壁,并用洗瓶吹入少量水洗涤锥形瓶内壁,使附着的溶液全部流下,直到溶液颜色发生明显的变化,振摇后半分钟不褪色时,左手迅速关闭旋塞或松开,停止滴定。

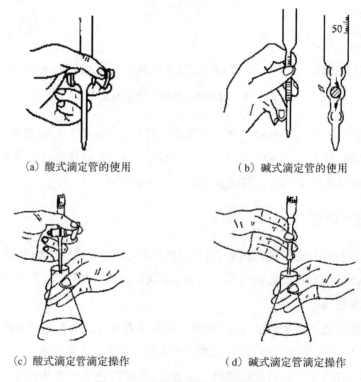

(a) 酸式滴定管的使用　　　　　(b) 碱式滴定管的使用

(c) 酸式滴定管滴定操作　　　　(d) 碱式滴定管滴定操作

图 2-10　滴定管使用及滴定操作

(4)滴定管读数。到达滴定终点时,停止操作,静置 1 min 使溶液完全从管壁流下后再进行读数。读数时,可使滴定管垂直固定在滴定管架上,也可将滴定管从滴定管架上取下,用一只手的拇指和食指捏住滴定管上部无刻度处,使滴定管保持自然垂直,使眼睛视线平视液面的弯月面下缘最低点(见图 2-11)。读数时是自上而下的,应估读到±0.01 mL。普通滴定管装无色溶液或浅色溶液时,应读取弯月面下缘最低点处;若溶液颜色太深无法观察下缘时,应从液面最上缘读数。

为了便于读数,可采用读数卡。读数卡是用涂有黑色的长方形(3 cm×1.5 cm)的白纸制成的。读数卡放在滴定管背后,使黑色部分在弯月面下约 1 mm 处,即可看到弯月面的反射层成为黑色,然后读此黑色弯月面下缘的最低点。溶液颜色深而读取最上缘时,就可以用白纸作为读数卡。

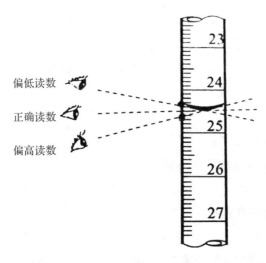

图 2-11　滴定管读数方法

2.3.6　滴定管操作误差分析

滴定管操作过程中产生的一些典型误差成因及测定结果的误差方向列于表 2-1 中。在滴定分析过程中应予以避免。

表 2-1　滴定管操作误差成因及测定结果的误差方向

操作中的误差成因	测定结果的误差方向
滴定管水洗后,不经润洗直接装标准溶液进行滴定	偏高
滴定后,滴定管尖嘴处悬有一滴液体	偏高
滴定前滴定管嘴内有气泡,滴定后消失	偏高
滴定前滴定管嘴内无气泡,滴定后产生气泡	偏低
滴定前水平读数,滴定后俯视读数	偏低
到达滴定终点时未静置,立即读数	偏高
滴定过程中,旋塞或乳胶管发生漏液	偏高

2.4 滴定分析实验

2.4.1 酸碱滴定法——水样酸度的测定

酸度(acidity)指水中能与强碱发生中和作用的物质总量,包括无机酸、有机酸、强酸弱碱盐(如 $FeCl_3$、$Al_2(SO_4)_3$)等。酸度的数值越大说明溶液酸性越强。酸度可分为无机酸度、游离 CO_2 酸度和总酸度。无机酸度指以甲基橙(变色点 $pH \approx 3.89$)为指示剂测得的酸度;游离 CO_2 酸度是指以酚酞(变色点 $pH \approx 8.3$)为指示剂测得的酸度;总酸度指用强碱将水样滴定至 $pH \approx 10.8$ 时所测得的酸度。

1. 实验目的

(1)了解酸度的基本概念。

(2)掌握 NaOH 标准溶液的配制与标定方法。

(3)掌握滴定操作方法。

(4)了解水样酸度的测定方法。

2. 实验原理

酸度是指水中的酸性物质(无机酸类、硫酸亚铁和硫酸铝等)产生的氢离子,与强碱标准溶液作用至一定 pH 值所消耗强碱的量。根据测定酸度时所用指示剂的不同而指示的终点 pH 值不同,可将酸度分为酚酞酸度和甲基橙酸度。用氢氧化钠溶液滴定到 $pH \approx 8.3$ 的酸度,称为"酚酞酸度",又称总酸,包括强酸和弱酸。以甲基橙为指示剂,用氢氧化钠标准溶液滴定至 $pH \approx 3.89$ 的酸度,称为"甲基橙酸度",代表一些较强的酸。

一般用 NaOH 标准溶液作为滴定剂进行酸度的测定。NaOH 标准溶液用间接法配制,一般多以酚酞为指示剂,用邻苯二甲酸氢钾基准物质进行标定,也可用草酸进行标定。

3. 实验仪器和设备

(1)万分之一电子分析天平。

(2)25 mL 碱式滴定管。

(3)250 mL 锥形瓶。

(4)移液管、烧杯等一般实验室常用仪器。

4. 试剂

(1)无二氧化碳水:pH 值不低于 6.0 的蒸馏水。如蒸馏水 pH 值较低,应煮沸 15 min,加盖冷却至室温。

(2)酚酞指示剂:称取 0.5 g 酚酞,溶于 50 mL 95% 乙醇中,再加入 50 mL 水。

(3)甲基橙指示剂:称取 0.05 g 甲基橙,溶于 100 mL 水中。

(4)邻苯二甲酸氢钾,优级纯。

(5)氢氧化钠,分析纯。

5. 实验步骤

1) 0.1 mol/L 氢氧化钠标准溶液的配制及标定

(1)配制。称取 2 g 氢氧化钠固体溶于 50 mL 无二氧化碳水中,将溶液倾入另一清洁塑料试剂瓶中,用无二氧化碳水稀释至 500 mL,充分摇匀,贴好标签。

(2)标定。称取在 105~110 ℃条件下干燥过的基准试剂邻苯二甲酸氢钾($KHC_8H_4O_4$) 3 份,每份重约 0.5 g(称准至 0.0001 g),置于 250 mL 锥形瓶中,各加 100 mL 无二氧化碳水,温热使之溶解,冷却。加入 4 滴酚酞指示剂,用待标定的 0.1 mol/L 氢氧化钠溶液滴定,直到溶液在摇动后半分钟内仍保持浅红色即为终点。同时用无二氧化碳水做空白滴定。将称量和标定数据记于表 2-2 中。按下式计算 NaOH 标准溶液的浓度。

$$c(\text{NaOH}, \text{mol/L}) = \frac{m \times 1000}{(V_1 - V_0) \times 204.23}$$

式中:m——邻苯二甲酸氢钾($KHC_8H_4O_4$)的质量,g;

V_0——滴定空白时,所耗 NaOH 标准溶液体积,mL;

V_1——滴定邻苯二甲酸氢钾时,所耗 NaOH 标准溶液的体积,mL;

204.23——邻苯二甲酸氢钾($KHC_8H_4O_4$)的摩尔质量,g/mol。

2) 水样酸度的测定

(1)用移液管准确移取适量水样置于 250 mL 锥形瓶中(如果移取的水样量低于 100 mL,则需用无二氧化碳水稀释至 100 mL),瓶下放一白瓷板,向锥形瓶中加入 2 滴甲基橙指示剂,用氢氧化钠标准溶液滴定至溶液由橙红色变为橘黄色为终点,在表 2-3 中记录氢氧化钠标准溶液用量(V_2)。对水样做连续 3 次的平行测定。

(2)另取 3 份平行水样于 250 mL 锥形瓶中(如果移取的水样量低于 100 mL,则需用无二氧化碳水稀释至 100 mL),加入 4 滴酚酞指示剂,用氢氧化钠标准溶液滴定至溶液刚变为浅红色为终点,记录用量(V_3)。将数据记于表 2-3 中。

6. 原始数据记录

实验原始数据记录于表 2-2、表 2-3 中。

表 2-2 NaOH 标准溶液的标定记录表　　　　　　年　月　日

指标	测定次数		
	Ⅰ	Ⅱ	Ⅲ
邻苯二甲酸氢钾/g			
V_0/mL			
V_1/mL			
c_{NaOH}/(mol·L^{-1})			

表 2-3 水样酸度的测定记录表　　　　　　　　　　　　　　年　月　日

指标	测定次数		
	Ⅰ	Ⅱ	Ⅲ
甲基橙酸度消耗的 NaOH 体积 V_2/mL			
甲基橙酸度($CaCO_3$,mg·L^{-1})			
酚酞酸度消耗的 NaOH 体积 V_3/mL			
酚酞酸度($CaCO_3$,mg·L^{-1})			

7. 结果计算

$$甲基橙酸度(CaCO_3, mg/L) = \frac{cV_2 \times 50.05 \times 1000}{V}$$

$$酚酞酸度(总酸度 CaCO_3, mg/L) = \frac{cV_3 \times 50.05 \times 1000}{V}$$

式中：c——氢氧化钠标准溶液浓度，mol/L；

V——水样体积，mL；

50.05——碳酸钙($1/2CaCO_3$)摩尔质量，g/mol。

8. 干扰及消除

(1)对酸度产生影响的溶解气体(如 CO_2、H_2S、NH_3)，在取样、保存或滴定时，都可能干扰测定。因此，在打开试样容器后，要迅速滴定到终点，防止干扰气体溶入试样。为了防止 CO_2 等溶解气体损失，在采样后，要避免剧烈摇动，并要尽快分析，否则要在低温下保存。

(2)含有三价铁和二价铁、锰、铝等可氧化或易水解的离子时，在常温滴定时会使反应速率变慢且生成沉淀，导致终点时指示剂褪色。遇此情况，应在加热后进行滴定。

(3)水样中的游离氯会使甲基橙指示剂褪色，可在滴定前加入少量 0.1 mol/L 硫代硫酸钠溶液去除。

(4)对有色或浑浊的水样，可用无二氧化碳水稀释后滴定，或选用电位滴定法进行测定。

9. 注意事项

(1)采集的水样用聚乙烯瓶或硅硼玻璃瓶贮存，并要使水样充满不留空间，盖紧瓶盖。若为废水样品，接触空气易引起微生物活动，容易减少或增加二氧化碳及其他气体，应尽快测定。

(2)废水样取用体积，参考滴定时所消耗氢氧化钠标准溶液用量，取 10 mL 或者 25 mL 为宜。

10. 思考题

(1)在配制 NaOH 标准溶液时，用托盘天平粗称 2 g NaOH 固体进行配制，这样做是否会使得配制的溶液不准确？为什么？

(2)在向碱式滴定管中装入 NaOH 标准溶液时，为什么要以该溶液润洗滴定管三次？滴定用的锥形瓶是否需要用待测水样润洗？为什么？

(3)用邻苯二甲酸氢钾标定 NaOH 溶液时，能否用甲基橙做指示剂？为什么？

(4)为什么用甲基橙做指示剂时，测得的酸度只能代表强酸酸度？

(5)什么是平行样？为什么测定时要进行 3 次平行测定？

(6)作为标定的基准物质应满足哪些条件？

(7)测定结果的有效数字应如何保留？

2.4.2 酸碱滴定法——水样碱度的测定

水的碱度(basicity)是指水中所含能与强酸定量作用的物质总量，包括水样中存在的碳酸盐、重碳酸盐及氢氧化物等。碱度的测定值因使用的指示剂不同而有很大的差异。

1. 实验目的

(1)了解碱度的基本概念。

(2)掌握 HCl 标准溶液的配制与标定方法。

(3)掌握滴定操作。

(4)了解水样碱度的测定方法。

2. 实验原理

碱度可用盐酸标准溶液进行滴定，用酚酞和甲基橙做指示剂。根据滴定水样所消耗的盐酸标准溶液的用量，即可计算出水样的碱度。

酚酞指示下述两步反应：

$OH^- + H^+ \rightleftharpoons H_2O$　　　　终点变色时 pH=7.0

$CO_3^{2-} + H^+ \rightleftharpoons HCO_3^-$　　　终点变色时 pH≈8.3

甲基橙指示下步反应：

$HCO_3^- + H^+ \rightleftharpoons H_2CO_3$　　　终点变色时 pH≈3.89

根据用去盐酸标准溶液的体积，可以计算各种碱度。若单独使用甲基橙为指示剂，测得的碱度为总碱度。

碱度单位常用 $CaCO_3$ 的 mg/L 表示，此时，1 mg/L 的碱度相当于 50 mg/L 的碳酸钙。用间接法配制盐酸标准溶液，用甲基橙做指示剂，用碳酸钠进行标定。

3. 实验仪器和设备

(1)万分之一电子分析天平。

(2)50 mL 酸式滴定管。

(3)250 mL 锥形瓶。

(4)移液管、烧杯等一般实验室常用仪器。

4. 试剂

(1)无二氧化碳水:pH 值不低于 6.0 的蒸馏水。如蒸馏水 pH 值较低,应煮沸 15 min,加盖冷却至室温。

(2)酚酞指示剂:称取 0.5 g 酚酞,溶于 50 mL 95% 乙醇中,再加入 50 mL 水。

(3)甲基橙指示剂:称取 0.1 g 甲基橙,溶于 100 mL 水中。

(4)无水碳酸钠,优级纯。

(5)浓 HCl,分析纯。

5. 实验步骤

1) 0.1 mol/L 盐酸标准溶液的配制及标定

(1)配制。用清洁量筒量取浓盐酸(相对密度 1.19)4.3 mL,倒入清洁的试剂瓶(或者大量筒)中,用无二氧化碳水稀释至 500 mL,盖住瓶口,摇匀,贴好标签。

(2)标定。称取在 105～110 ℃ 条件下干燥过的基准试剂级碳酸钠 3 份,每份重约 0.15 g(称准至 0.0001 g),置于 250 mL 锥形瓶中,各加 50 mL 无二氧化碳水,摇动使之溶解。加入 2～3 滴甲基橙指示剂,用欲标定的 HCl 溶液慢慢滴定,直到锥形瓶中的溶液由黄色转变为橙色时即为终点,读取读数。用同样方法滴定另外两份 Na_2CO_3,将称量和标定数据记于表 2-4 中。按下式计算 HCl 标准溶液的浓度:

$$c(HCl, mol/L) = \frac{m \times 1000}{53.00 \times V_{HCl}}$$

式中:m——碳酸钠的质量,g;

V_{HCl}——滴定碳酸钠时,所耗 HCl 标准溶液的体积,mL;

53.00——以 $(1/2Na_2CO_3)$ 为基本单元的碳酸钠摩尔质量,g/mol。

2) 水样碱度的测定

(1)用移液管准确移取 3 份 100.00 mL 水样分别置于 250 mL 锥形瓶中,瓶下放一白瓷板,向每个锥形瓶中分别加入 4 滴酚酞指示剂,摇匀。若溶液呈红色,用盐酸标准溶液滴定至刚刚褪至无色,记录盐酸标准溶液用量(P),若加酚酞指示剂后溶液无色,则不需要用盐酸标准溶液滴定,并接着进行后续操作。

(2)向上述每个锥形瓶中分别加入 3 滴甲基橙指示剂,摇匀。继续用盐酸标准溶液滴定至溶液由橘黄色刚刚变为橘红色为止,记录盐酸标准溶液的用量(M)。将数据记于表 2-5 中。根据 P、M 的关系,判断水中碱度的类型,并分别计算碱度。

6. 原始数据记录

实验原始数据记录于表 2-4、表 2-5 中。

表2-4　HCl标准溶液的标定记录表　　　　　　　　　年　月　日

指标	测定次数		
	Ⅰ	Ⅱ	Ⅲ
碳酸钠/g			
V_{HCl}/mL			
c_{HCl}/(mol·L^{-1})			

表2-5　水样碱度的测定记录表　　　　　　　　　　　年　月　日

指标	测定次数		
	Ⅰ	Ⅱ	Ⅲ
P/mL			
M/mL			
碱度(CaCO$_3$,mg/L)			

7. 结果计算

(1) 根据 P、M 的关系,判断水中碱度的类型。

(2)
$$总碱度(CaCO_3, mg/L) = \frac{(P+M)c_{HCl} \times 50.05 \times 1000}{V}$$

式中：c_{HCl}——盐酸标准溶液浓度,mol/L；

V——水样体积,mL；

50.05——碳酸钙(1/2CaCO$_3$)摩尔质量,g/mol。

8. 注意事项

(1) 当水样中总碱度小于 20 mg/L 时,可改用 0.01 mol/L 盐酸标准溶液滴定,以提高测定精度。

(2) 对有色或浑浊的水样,可用无二氧化碳水稀释后滴定,或选用电位滴定法进行测定。

9. 思考题

(1) 为什么 HCl 和 NaOH 标准溶液一般都用间接法配制,不用直接法配制？

(2) 用碳酸钠标定 HCl 溶液时,能否用酚酞做指示剂？

(3) 为什么用酚酞做指示剂,测得的碱度不是总碱度？

(4) 如果只需要知道总碱度的大小,应如何进行测定？

2.4.3　配位滴定法——水样硬度的测定

水的硬度(hardness)是指水中钙、镁离子的总量,水的硬度分为暂时硬度和永久硬度。

暂时硬度是指通过加热可以去除的硬度，主要指钙、镁离子的碳酸氢盐总量。永久硬度是指不可通过加热去除的硬度，主要指水中含有钙、镁离子的硫酸盐，氯化物，硝酸盐等的总量。硬度的表示方法有多种，我国一般用 CaO 的硬度（mg/L）或者 $CaCO_3$ 的硬度（mg/L）表示。国家《生活饮用水卫生标准》(GB 5749—2022)规定，生活饮用水的总硬度（以 $CaCO_3$ 计）限值为 450 mg/L。

由于钙、镁等的重碳酸盐的存在而引起的硬度叫作碳酸盐硬度，也叫暂时硬度，这部分硬度煮沸时会分解，生成碳酸盐沉淀而去除。暂时硬度在循环水、饮用水、中水回用等系统中是重要的考察指标，可反映饮用水在加热煮沸过程中可以去除的硬度，结合水中总硬度可考察水质对人体健康的影响程度。实际工业循环水和锅炉水系统中往往需要关注水中暂时硬度的情况，以便判断水质的结垢性。因此，准确地检测出水中的暂时硬度对水质管理非常重要。当水样加热至沸，碳酸盐硬度便转变成溶解度很小的沉淀而被消除，冷却至室温，过滤去除沉淀物，然后用 EDTA（乙二胺四乙酸，ethylenediaminetetra-acetic acid）法直接测定非碳酸盐硬度。在无碳酸盐和氢氧化物干扰的饮用水中，碳酸盐硬度＝总硬度－非碳酸盐硬度。测定非碳酸盐硬度时滴定速度要快，以免碳酸钙及氢氧化镁的微量溶解而使滴定终点延长。

1. 实验目的

(1) 了解暂时硬度、永久硬度、总硬度等基本概念。

(2) 了解硬度的测定意义和硬度表示方法。

(3) 掌握 EDTA 标准溶液的配制与标定方法。

(4) 掌握 EDTA 法测定硬度的原理和方法。

2. 实验原理

在 pH＝10 条件下，向待测定水样中加入的少量铬黑 T 指示剂可与水样中的部分钙、镁离子发生配位反应，生成酒红色的（钙、镁-铬黑 T）配合物。用 EDTA 标准溶液对水样进行滴定，滴定剂 EDTA 首先与游离的钙、镁离子发生配位反应，生成无色可溶性配合物（钙、镁-EDTA）。到达化学计量点附近时，水样中游离的钙、镁离子已全部与 EDTA 配合，继续加入的 EDTA 标准溶液夺取被铬黑 T 络合的钙、镁离子，而使铬黑 T 游离出来，溶液由酒红色变成蓝色，即为滴定终点。

3. 实验仪器和设备

(1) 万分之一电子分析天平。

(2) 50 mL 酸式滴定管。

(3) 250 mL 锥形瓶。

(4) 移液管、烧杯等一般实验室常用仪器。

(5) 电炉。

4.试剂

(1)pH=10 的 NH_3-NH_4Cl 缓冲溶液。

配制法如下：

①称取 1.25 g EDTA 二钠镁和 16.9 g 氯化铵溶于 143 mL 氨水中，用水稀释至 250 mL。配好的溶液应按下面②中所述方法进行检查和调整。

②如无 EDTA 二钠镁，可先将 16.9 g 氯化铵溶于 143 mL 氨水中。另取 0.78 g 硫酸镁($MgSO_4 \cdot 7H_2O$)和 1.17 g 二水合 EDTA 二钠溶于 50 mL 水，加入 2 mL 配好的氯化铵-氨水溶液和 0.2 g 铬黑 T 指示剂干粉。此时溶液应显酒红色，如出现蓝色，应再加入极少量硫酸镁使其变为酒红色。逐滴加入 EDTA 二钠溶液，直至溶液由酒红色转变为蓝色为止（切勿过量）。将两液合并，加蒸馏水至 250 mL。如果合并后溶液又转为酒红色，在计算结果时应做空白校正。

(2)铬黑 T 指示剂：称取 0.5 g 铬黑 T 和 100 g 氯化钠，研磨均匀，贮于棕色瓶内，密塞备用。

(3)钙指示剂：称取 0.2 g 钙指示剂和 100 g 氯化钠，研磨均匀，贮于棕色瓶内，密塞备用。

(4)10% 氢氧化钠溶液（盛放在聚乙烯瓶中）。

(5)4 mol/L 盐酸溶液。

(6)0.1% 甲基红指示剂。

(7)3 mol/L 氨水。

(8)20% 三乙醇胺水溶液。

(9)0.0100 mol/L 钙标准溶液。准确称取预先在 150 ℃ 干燥 2 h 并冷却的碳酸钙 1.0010 g，置于 500 mL 锥形瓶中，用水浸湿，逐滴加入 4 mol/L 盐酸至碳酸钙全部溶解。加 200 mL 水，煮沸数分钟驱除二氧化碳，冷至室温，加入数滴甲基红指示剂。逐滴加入 3 mol/L 氨水直至溶液变为橙黄色，移入容量瓶中定容至 1000 mL。

(10)浓度约为 0.010 mol/L 的 EDTA 标准溶液。

①配制。称取二水合 EDTA 二钠 3.7 g 溶于约 300 mL 的温水中（常温下溶解速度较慢），冷却，用去离子水稀释至 1000 mL，摇匀，贴上标签。如需保存则存放在聚乙烯瓶中。

②标定。准确移取 20.00 mL 钙标准溶液于 250 mL 锥形瓶中，加水稀释至 50 mL，加入 4 mL NH_3-NH_4Cl 缓冲溶液（控制溶液 pH 值在 10 左右），加入少许(50～100 mg)铬黑 T 指示剂干粉，混匀，立即用 EDTA 标准溶液滴定，开始滴定时速度可稍快，接近终点时宜稍慢，并充分摇动，至溶液酒红色消失而刚刚出现亮蓝色即为终点。

③EDTA 浓度的计算：EDTA 溶液浓度 c_1 以 mol/L 表示，按下式计算：

$$c_1 = \frac{c_2 \times V_2}{V_1}$$

式中：c_2——钙标准溶液浓度，0.0100 mol/L；

V_2——钙标准溶液体积,mL;

V_1——消耗的 EDTA 溶液体积,mL。

5. 实验步骤

1)总硬度测定

用移液管准确移取 100.00 mL 自来水样或者澄清配制水样于 250 mL 锥形瓶中,加入 1 mL 三乙醇胺溶液,加入 5 mL NH_3-NH_4Cl 缓冲溶液,加入少许(约 50~100 mg)铬黑 T 指示剂干粉,摇匀,立即用 EDTA 标准溶液滴定,滴定开始时速度可稍快,接近终点时速度变缓,每滴入 1 滴 EDTA,即充分摇动锥形瓶,当溶液颜色由酒红色变为亮蓝色时,立即停止滴定。记录 EDTA 的用量 V_3,平行测定 3 次。本法测定的硬度是 Ca^{2+}、Mg^{2+} 总量,并折合成 $CaCO_3$ 计算。

2)钙硬度测定

用移液管准确移取 100.00 mL 自来水样或者澄清配制水样于 250 mL 锥形瓶中,加入 1 mL 三乙醇胺溶液,加入 1 mL 10% NaOH 溶液,加入少许(约 50~100 mg)钙指示剂干粉,摇匀,立即用 EDTA 标准溶液滴定,滴定开始时速度可稍快,接近终点时速度变缓,每滴入 1 滴 EDTA,即充分摇动锥形瓶,当溶液颜色由酒红色变为亮蓝色时,立即停止滴定。记录 EDTA 的用量 V_4,平行测定 3 次。本法测定的钙硬度是 Ca^{2+} 含量,并折合成 $CaCO_3$ 计算。镁硬度则由总硬度和钙硬度差值计算得出。

3)碳酸盐硬度测定

用移液管准确移取 100.00 mL 经电炉煮沸后冷却至室温的自来水样于 250 mL 锥形瓶中,加入 1 mL 三乙醇胺,加入 5 mL NH_3-NH_4Cl 缓冲溶液,加入少许(约 50~100 mg)铬黑 T 指示剂干粉,摇匀,立即用 EDTA 标准溶液滴定,当溶液颜色由酒红色变为亮蓝色时,立即停止滴定。记录 EDTA 的用量 V_5,平行测定 3 次。经由 V_3 和 V_5 差值计算自来水样的碳酸盐硬度。

6. 原始数据记录

实验原始数据记录于表 2-6、表 2-7 中。

表 2-6 EDTA 标准溶液的标定记录表　　　　　年　月　日

指标	测定次数		
	Ⅰ	Ⅱ	Ⅲ
V_{EDTA}/mL			
c_{EDTA}/(mol·L^{-1})			

表 2-7 水样硬度的测定记录表　　　　　　　　　　　　　年　月　日

指标	测定次数		
	Ⅰ	Ⅱ	Ⅲ
V_3/mL			
V_4/mL			
V_5/mL			
硬度($CaCO_3$, mg·L^{-1})			

7. 结果计算

$$总硬度(CaCO_3, mg/L) = \frac{c_1 \times V_3 \times 100.09 \times 1000}{V_{水样}}$$

$$钙硬度(CaCO_3, mg/L) = \frac{c_1 \times V_4 \times 100.09 \times 1000}{V_{水样}}$$

$$碳酸盐硬度(CaCO_3, mg/L) = \frac{c_1 \times (V_3 - V_5) \times 100.09 \times 1000}{V_{水样}}$$

式中：c_1——EDTA 标准溶液物质的量浓度，mol/L；

V_3——滴定总硬度水样时消耗 EDTA 标准溶液体积，mL；

V_4——滴定钙硬度水样时消耗 EDTA 标准溶液体积，mL；

V_5——滴定碳酸盐硬度水样时消耗 EDTA 标准溶液体积，mL；

$V_{水样}$——水样体积，mL。

8. 干扰及消除

(1)水样中含铁、铝离子,且铁、铝浓度小于 30 mg/L 时,可在滴定前向水样中加入三乙醇胺掩蔽铁、铝离子。

(2)水样中含正磷酸盐超出 1 mg/L 时,在滴定条件下可使钙生成沉淀。如果滴定速度太慢或钙含量超出 100 mg/L,会析出沉淀。

9. 注意事项

(1)若 NH_3-NH_4Cl 缓冲溶液放置时间过长或者密封不好,其中的氨气容易挥发减少,这样会使测定水样时的 pH 值调节不正确,影响滴定反应的正常进行,使结果偏低。

(2)滴定至终点附近时,每滴入 1 滴 EDTA 滴定剂,即充分摇动锥形瓶,使滴入的EDTA 与水样充分混合发生反应。

10. 思考题

(1)如果仅需要测定水中的钙离子浓度,应该如何测定？

(2)测定水的总硬度时,为什么要加入 NH_3-NH_4Cl 缓冲溶液将水样的 pH 值控制在 10 左右？

(3)用 EDTA 法测定水的总硬度时,哪些离子的存在会造成干扰?如何消除?

(4)铬黑 T 指示剂的作用原理是什么?

(5)EDTA 标准溶液欲长期保存时,应贮存于何种容器中?为什么?

2.4.4 氧化还原滴定法——高锰酸盐指数的测定

高锰酸盐指数是指在一定条件下,以高锰酸钾($KMnO_4$)为氧化剂处理水样时所消耗的氧化剂的量。表示为单位氧的 mg/L。高锰酸钾法用于测定地表水、饮用水和生活污水,不适用于工业废水的测定。高锰酸盐指数可用于表征较清洁水体受有机物污染的程度。

1. 实验目的

(1)了解高锰酸盐指数的含义。

(2)掌握高锰酸钾标准溶液的配制和标定。

(3)掌握高锰酸盐指数测定的方法和原理。

2. 实验原理

向水样中加入一定量的 H_2SO_4 和 $KMnO_4$ 溶液,并在沸水浴中加热 30 min,某些有机物和无机还原性物质(NO_2^-、S^{2-}、Fe^{2+} 等)等被 $KMnO_4$ 氧化,然后加入过量的 $Na_2C_2O_4$ 还原剩余的 $KMnO_4$,最后再用 $KMnO_4$ 溶液回滴过量的 $Na_2C_2O_4$,通过计算求出高锰酸盐指数值。

若水样中氯化物浓度高于 300 mg/L,则应在碱性条件下用高锰酸钾氧化有机物,而后在酸性条件下回滴测定水中的高锰酸盐指数。

3. 实验仪器和设备

(1)沸水浴装置。

(2)250 mL 锥形瓶。

(3)50 mL 酸式滴定管。

(4)5 mL、10 mL、50 mL 不同规格移液管。

(5)万分之一电子分析天平。

(6)其他一般实验室常用仪器和设备。

4. 试剂

(1)高锰酸钾贮备液($c_{1/5\ KMnO_4}=0.1$ mol/L):称取 3.2 g 高锰酸钾溶于 1.2 L 水中,加热煮沸,使体积减少到约 1 L,放置过夜,用玻璃砂芯漏斗过滤后,滤液贮于棕色瓶中保存。

(2)高锰酸钾使用液($c_{1/5\ KMnO_4}=0.01$ mol/L):吸取 100 mL 上述高锰酸钾贮备液,用水稀释至 1000 mL,贮于棕色瓶中。使用当天应进行标定。

(3)(1+3)硫酸:向 3 体积纯水中慢慢加入 1 体积浓硫酸,并不断搅动摇匀。

(4)草酸钠贮备液($c_{1/2\ Na_2C_2O_4}=0.1000$ mol/L):称取 0.6705 g 在 105~110 ℃烘干 1 h

并冷却的草酸钠溶于水中,移入 100 mL 容量瓶中,用水稀释至标线。

(5)草酸钠标准使用液($c_{1/2\ Na_2C_2O_4}$=0.0100 mol/L):吸取 10.00 mL 上述草酸钠贮备液,移入 100 mL 容量瓶中,用水稀释至标线。

5.实验步骤

(1)分取 100.0 mL 混匀水样(如高锰酸盐指数高于 10 mg/L,则酌情少取,并用水稀释至 100 mL)于 250 mL 锥形瓶中。

(2)加入 5 mL(1+3)硫酸,混匀。

(3)加入 10.00 mL 0.01 mol/L 高锰酸钾溶液,摇匀,立即放入沸水浴中加热 30 min(从水浴重新沸腾起计时)。沸水浴液面要高于反应溶液的液面。

(4)取下锥形瓶,趁热加入 10.00 mL 0.0100 mol/L 草酸钠标准使用液,摇匀。立即用 0.01 mol/L 高锰酸钾溶液滴定至显微红色并保持半分钟不褪色,记录高锰酸钾溶液消耗量 V_1。

(5)高锰酸钾溶液浓度的标定。将上述已滴定完毕的溶液加热至约 70 ℃,准确加入 10.00 mL 草酸钠标准使用液(0.0100 mol/L),再用 0.01 mol/L 高锰酸钾溶液滴定至显微红色并保持半分钟不褪色。记录高锰酸钾溶液的消耗量 V_2,按下式求得高锰酸钾溶液的校正系数(K)。进行三次平行测定。

$$K = \frac{10.00}{V_2}$$

式中:V_2——高锰酸钾溶液消耗量,mL。

6.原始数据记录

实验原始数据记录于表 2-8 中。

表 2-8 高锰酸盐指数的测定记录表   年 月 日

指标	测定次数		
	I	II	III
V_1/ mL			
V_2/ mL			

7.结果计算

$$高锰酸盐指数(O_2, mg/L) = \frac{[(10+V_1)K-10] \times c \times 8 \times 1000}{100}$$

式中:K——校正系数;

c——草酸钠($1/2\ Na_2C_2O_4$)标准使用液浓度,mol/L;

8——氧($1/4\ O_2$)摩尔质量,g/mol;

100——所取水样的体积,mL。

8. 注意事项

(1) 在对地表水样进行测定时,水样采集后,应加入硫酸调节水样的pH值为1~2,以抑制微生物的活动。样品应尽快分析,在48 h内测定。

(2) 在水浴中加热完毕后,溶液仍应保持淡红色,如变浅或全部褪去,应将水样稀释后再测定,使加热氧化后残留的高锰酸钾为其加入量的1/2~1/3为宜。

(3) 在酸性条件下,草酸钠和高锰酸钾反应的温度应保持在60~80 ℃,所以滴定操作必须趁热进行,若溶液温度过低,需适当加热。

9. 思考题

(1) 配制好的 $KMnO_4$ 溶液为什么要装在棕色瓶中放置暗处保存?

(2) 用 $Na_2C_2O_4$ 标定 $KMnO_4$ 溶液浓度时,为什么必须在大量 H_2SO_4(可以用 HCl 或 HNO_3 溶液吗?)存在下进行?酸度过高或过低有无影响?为什么要加热至75~85 ℃后才能滴定?溶液温度过高或过低有什么影响?

(3) 水样加热氧化的时间和温度及滴定的温度为什么要严格控制?

(4) 测定校正系数的意义是什么?

(5) 可否在 HCl 介质中进行高锰酸盐指数的测定?

(6) 滴定完的溶液放置一段时间后褪色,是否正常?此时对测定结果有无影响?

2.4.5 氧化还原滴定法——化学需氧量的测定

化学需氧量(chemical oxygen demand, COD)是指在一定条件下,以重铬酸钾($K_2Cr_2O_7$)为氧化剂,处理水样时所消耗的氧化剂的量,表示为单位氧的 mg/L。

化学需氧量反映了水体受还原性物质污染的程度,也作为有机物相对含量的综合指标。一般成分较复杂的有机工业废水、废水处理厂出水常需测定化学需氧量。在河流污染和工业废水性质的研究及废水处理厂的运行管理中,它是一个重要的而且能较快测定的有机物污染参数,常以符号COD表示。

1. 实验目的

(1) 了解化学需氧量的定义和测定意义。

(2) 掌握化学需氧量测定的方法和原理。

2. 实验原理

在硫酸酸性介质中,向待测水样中加入重铬酸钾使其为氧化剂,硫酸银为催化剂,硫酸汞为氯离子的掩蔽剂,加热回流2 h,对水样中的有机物质进行消解。回流结束后,将水样自然冷却,以试亚铁灵为指示剂,以硫酸亚铁铵溶液滴定剩余的重铬酸钾,根据硫酸亚铁铵溶液的消耗量计算水样的COD值。

3.实验仪器和设备

(1)回流装置:带 250 mL 磨口锥形瓶的玻璃回流装置。

(2)变阻电炉。

(3)50 mL 酸式滴定管。

(4)5 mL、10 mL、50 mL 移液管。

(5)万分之一电子分析天平。

(6)其他一般实验室常用仪器和设备。

4.试剂

(1)重铬酸钾标准溶液($c_{1/6\ K_2Cr_2O_7}$=0.2500 mol/L):称取预先在 120 ℃烘干 2 h 的优级纯(或基准)重铬酸钾 12.2580 g 溶于水中,移入 1000 mL 容量瓶,稀释至标线,摇匀。

(2)试亚铁灵指示剂:称取 1.458 g 邻菲罗啉($C_{12}H_8N_2 \cdot H_2O$)、0.695 g 硫酸亚铁($FeSO_4 \cdot 7H_2O$)溶于水中,稀释至 100 mL,贮于棕色瓶中。

(3)硫酸-硫酸银溶液:于 500 mL 浓硫酸中加入 5 g 硫酸银,放置 1~2 天,不时摇动使其完全溶解。

(4)硫酸亚铁铵标准溶液[$c_{(NH_4)_2Fe(SO_4)_2 \cdot 6H_2O}$≈0.05 mol/L]:称取 19.6 g 硫酸亚铁铵溶于水中,边搅拌边缓慢加入 20 mL 浓硫酸,冷却后移入 1000 mL 容量瓶中,用水稀释至标线,摇匀,临用前用重铬酸钾标准溶液标定。

标定方法。准确吸取 5.00 mL 重铬酸钾标准溶液于 250 mL 锥形瓶中,加水稀释至 30 mL 左右,缓慢加入 15 mL 浓硫酸,混匀。冷却后,加入 3 滴试亚铁灵指示液,用硫酸亚铁铵溶液滴定,溶液颜色由黄色经蓝绿色至红褐色即为终点。

记录消耗的硫酸亚铁铵用量 V,则有

$$c = \frac{0.2500 \times 10.00}{V}$$

式中:c——硫酸亚铁铵标准溶液浓度,mol/L;

V——硫酸亚铁铵标准溶液的用量,mL。

(5)COD 标准溶液(1000 mg/L):将基准(或优级纯)邻苯二甲酸氢钾($KHC_8H_4O_4$)于 105 ℃烘干 2 h 至恒重,放入干燥器冷却 40 h 后,准确称取 0.8502 g 邻苯二甲酸氢钾溶于水中,转移至 1000 mL 容量瓶中,稀释至标线。

(6)硫酸汞结晶或粉末。

5.实验步骤

(1)取 10.00 mL 混匀水样于 250 mL 磨口锥形瓶中,准确加入 5.00 mL 重铬酸钾标准溶液及数粒洗净的玻璃珠或沸石,将磨口锥形瓶连接在冷凝回流管下方,从冷凝管上口用量筒慢慢加入 15 mL 硫酸-硫酸银溶液,轻摇锥形瓶使溶液混合均匀,开启回流消解器加热至微沸状态,持续回流 2 h(自开始沸腾时计时)。

(2)冷却后,从冷凝管上部用 120 mL 水慢慢冲洗冷凝管管壁,取下锥形瓶。溶液总体积不得少于 150 mL(否则酸度太大,滴定终点不明显)。

(3)加入 3 滴试亚铁灵指示剂溶液,用硫酸亚铁铵标准溶液滴定,溶液的颜色由黄色经蓝绿色至红褐色即为终点,记录硫酸亚铁铵标准溶液的用量 V_1。

(4)测定水样的同时,以 10.00 mL 去离子水,按同样操作步骤做空白实验,记录滴定空白时硫酸亚铁铵标准溶液的用量 V_0。

(5)对每种水样进行三次平行测定。

6. 原始数据记录

实验原始数据记录于表 2-9 中。

表 2-9 化学需氧量的测定记录表　　　　　年　月　日

指标	测定次数		
	Ⅰ	Ⅱ	Ⅲ
V_1/ mL			
V_0/ mL			

7. 结果计算

$$\text{COD}(O_2, \text{mg/L}) = \frac{(V_0 - V_1) \times c \times 8 \times 1000}{V}$$

式中:c——硫酸亚铁铵标准溶液浓度,mol/L;

8——氧(1/4 O_2)摩尔质量,g/mol;

V——所取水样的体积,mL。

8. 干扰及消除

废水中氯离子含量超过 30 mg/L 时,应在锥形瓶中加入 0.4 g 硫酸汞后,再加 20.00 mL 废水,以消除氯离子的影响;对于氯离子含量高于 1000 mg/L 的样品,应先做定量稀释,使其含量降低至 1000 mg/L 以下再进行测定。

9. 注意事项

(1)0.4 g 硫酸汞最高可配合 40 mg 的氯离子,如取用 20.00 mL 水样,即最高可配合 2000 mg/L 氯离子浓度的水样。若氯离子浓度较低,可加少量硫酸汞,保持硫酸汞与氯离子的比为 10∶1。若出现少量氯化汞沉淀,不影响测定。

(2)水样取用量与试剂用量之间的关系见表 2-10。

表 2-10 水样取用量和试剂用量对应表

水样体积 /mL	0.2500 mol/L K$_2$Cr$_2$O$_7$ 溶液/mL	H$_2$SO$_4$-AgSO$_4$ 溶液/mL	HgSO$_4$ /g	(NH$_4$)$_2$Fe(SO$_4$)$_2$ /(mol·L^{-1})	滴定前总体积 /mL
10.0	5.0	15	0.2	0.050	70
20.0	10.0	30	0.4	0.100	140
30.0	15.0	45	0.6	0.150	210
40.0	20.0	60	0.8	0.200	280
50.0	25.0	75	1.0	0.250	350

(3)对于化学需氧量小于 50 mg/L 的水样,应该用 0.02500 mol/L 重铬酸钾标准溶液氧化,用 0.01 mol/L 硫酸亚铁铵标准溶液回滴。

(4)对于化学需氧量较高的废水样,可先取步骤(1)中所需体积 1/10 的废水样和试剂,置于硬质玻璃试管中,摇匀加热后观察是否变为绿色。如变为绿色,则说明废水中还原性物质浓度高,应按比例减少废水取样量(其他试剂加入量不变),再进行加热,直至溶液不变绿色为止,从而确定废水样分析时所需取用的体积。稀释时,所取废水样量不能少于 5 mL。如果化学需氧量很高,则废水样应进行多次逐级稀释。

(5)每次实验时,应对硫酸亚铁铵标准溶液进行标定。

10.思考题

(1)为什么要做空白实验?

(2)化学需氧量和高锰酸盐指数有什么区别?

2.4.6　氧化还原滴定法——溶解氧的测定

溶解在水中的分子态氧称为溶解氧(dissolved oxygen,DO),用每升水里氧气的毫克数表示。水中溶解氧的含量与空气中氧的分压、水的温度都有密切关系。在自然情况下,水温是主要影响因素,水温愈低,水中溶解氧的含量愈高。

在 20 ℃、100 kPa 下,纯水里的溶解氧约为 9 mg/L。当水中的溶解氧值降到 5 mg/L 时,一些鱼类的呼吸就会发生困难。当水体受到有机物污染,耗氧严重,溶解氧得不到及时补充时,水体中的厌氧菌就会很快繁殖,有机物因腐败而使水体变黑、发臭。

溶解氧值是研究水体自净能力的一项重要指标。水中的溶解氧被消耗,要恢复到初始状态,所需时间短,说明该水体的自净能力强,或者说水体污染不严重。否则说明水体污染严重,自净能力弱,甚至失去自净能力。

1.实验目的

(1)了解溶解氧含量与水质的关系。

(2)掌握溶解氧测定的方法和原理。

2. 实验原理

利用碘量法测定水中的溶解氧含量。水样中加入硫酸锰和碱性碘化钾(KI-NaOH),先产生 $Mn(OH)_2$ 沉淀,随后水中溶解氧将二价锰氧化成四价锰,生成四价锰的氢氧化物棕色沉淀。

$$Mn^{2+} + 2OH^- = Mn(OH)_2 \downarrow$$
$$2Mn(OH)_2 + O_2 = 2MnO(OH)_2 \downarrow$$

加酸酸化后(pH 值为 1.0～2.5),沉淀溶解,同时四价锰将碘离子氧化为单质碘。

$$MnO(OH)_2 + 2I^- + 4H^+ = Mn^{2+} + I_2 + 3H_2O$$

以淀粉为指示剂,用硫代硫酸钠标准溶液滴定释放出的碘,根据滴定溶液消耗量计算溶解氧含量。

3. 实验仪器和设备

(1) 250 mL 细口溶解氧试剂瓶。

(2) 250 mL 碘量瓶。

(3) 50 mL 酸式滴定管。

(4) 5 mL、10 mL、50 mL 移液管。

(5) 万分之一电子分析天平。

(6) 其他一般实验室常用仪器和设备。

4. 试剂

(1) 2 mol/L $MnSO_4$ 溶液:称取 170 g 一水合硫酸锰($MnSO_4 \cdot H_2O$)溶于水,用水稀释至 500 mL。如有不溶物,应过滤去除。

(2) 碱性碘化钾(KI-NaOH)溶液:称取 150 g 碘化钾溶于 200 mL 水中,再将 180 g 氢氧化钠溶解于 200 mL 水中,冷却后将两溶液合并,混匀,用水稀释至 500 mL。贮于配橡胶塞的棕色细口瓶中。

(3) 1 mol/L 硫酸溶液。

(4) 0.5% 淀粉溶液:称取 1 g 可溶性淀粉,用少量水调成糊状,在搅动下加到 200 mL 水中,继续煮沸至透明,冷却后转入洁净的烧杯。夏季室温下一周内有效,冬季室温下两周内有效。可加入少许水杨酸或氯化锌防腐。

(5) 0.01 mol/L $Na_2S_2O_3$ 溶液:称取 2.5 g 五水合硫代硫酸钠($Na_2S_2O_3 \cdot 5H_2O$)溶于煮沸放冷的水中,加入 0.2 g 碳酸钠,用水稀释至 1000 mL,贮于棕色瓶中。使用前用 KIO_3 标准溶液标定。

(6) KIO_3 标准溶液:准确称取 3.567 g 在 180 ℃干燥 1 h 的 KIO_3,用水溶解后转入 1 L 容量瓶中,用水稀释至标线。临用前移取 100.0 mL 于 1 L 容量瓶中,加水定容,此溶液浓度

$c_{1/6\ KIO_3} = 0.0100$ mol/L。

5.测定步骤

(1)标定 $Na_2S_2O_3$ 溶液。移取 10.00 mL KIO_3 标准溶液于锥形瓶中,加入 100 mL 水、1 g KI、5 mL 1 mol/LH_2SO_4 溶液,立即用 $Na_2S_2O_3$ 溶液滴定至浅黄色,加入 3 mL 淀粉溶液,继续滴定至蓝色消失为终点。平行滴定 3 份,计算 $Na_2S_2O_3$ 标准溶液的浓度。数据记录于表2-11中。

(2)溶解氧的固定。一般在取样现场固定。将水样注入水样瓶中并使水溢流,迅速盖上瓶塞,然后再打开塞子,将移液管插入溶解氧瓶的液面下,加入 1.0 mL $MnSO_4$ 溶液、2.0 mL KI-NaOH 溶液,盖好瓶塞,颠倒混合数次,静置 5 min,再颠倒数次。平行固定 3 份水样中的氧。

(3)溶解氧的测定。当水样中的沉淀物下降到瓶口以下 1/3 距离时,打开瓶塞,立即用移液管慢慢加入 1.0 mL 浓硫酸至液面下。盖好瓶塞,颠倒混合摇匀,至沉淀物全部溶解,放于暗处静置 5 min。取出 100.00 mL 上述溶液于 250 mL 锥形瓶中,用 $Na_2S_2O_3$ 标准溶液滴定至溶液呈淡黄色,加入 3 mL 淀粉溶液,继续滴定至蓝色刚好退去,记录 $Na_2S_2O_3$ 溶液用量。

6.原始数据记录

实验原始数据记录于表 2-11、表 2-12 中。

表 2-11 $Na_2S_2O_3$ 标准溶液的标定记录表   年   月   日

指标	测定次数		
	Ⅰ	Ⅱ	Ⅲ
V_1/ mL			
$c_{Na_2S_2O_3}$ / (mol·L)			

注:V_1 为标定 $Na_2S_2O_3$ 时,$Na_2S_2O_3$ 溶液的消耗量,mL。

表 2-12 水样溶解氧的测定记录表   年   月   日

指标	测定次数		
	Ⅰ	Ⅱ	Ⅲ
V_2/ mL			
溶解氧浓度(O_2,mg·L^{-1})			

注:V_2 为滴定水样时,$Na_2S_2O_3$ 溶液的消耗量,mL。

7.结果计算

(1)$Na_2S_2O_3$ 标准溶液的浓度:

$$c_{Na_2S_2O_3} = \frac{0.01000 \times 10}{V_1}$$

(2)水样的溶解氧浓度：

$$溶解氧浓度(O_2, mg/L) = \frac{c_{Na_2S_2O_3} \times V_2 \times 8 \times 1000}{100}$$

式中：$c_{Na_2S_2O_3}$——$Na_2S_2O_3$标准溶液浓度，mol/L。

8. 干扰及消除

(1)水样中亚硝酸盐氮含量高于0.05 mg/L，二价铁含量低于1 mg/L时，采用叠氮化钠法修正；水样中二价铁含量高于1 mg/L时，采用高锰酸钾法修正；水样有色或有悬浮物时，采用明矾絮凝法修正；含有活性污泥悬浊物的水样，采用硫酸铜-氨基磺酸絮凝法修正。

(2)如水样中含Fe^{3+}达100~200 mg/L时，可加入1 mL 40%氟化钾溶液消除干扰。

(3)如水样中含氧化性物质(如游离氯等)，应预先加入相当量的硫代硫酸钠去除。

9. 注意事项

(1)采集水样时，主要不要使水样曝气或有气泡残存在采样瓶中。可用水样冲洗溶解氧瓶后，沿瓶壁直接倾注水样或用虹吸法将细管插入溶解氧瓶底部，注入水样至溢流出瓶容积的1/3~1/2。

(2)在固定溶解氧及溶解生成的沉淀时，应将所加试剂使用移液管或吸量管加至距液面5 cm以下。固定后的水样可在暗处保存24 h。

(3)对于呈强酸或强碱性的水样，可用氢氧化钠或硫酸溶液调至中性后测定。

10. 思考题

(1)酸化水样时，为什么要待沉淀物下降到一定程度后再加浓硫酸？

(2)固定溶解氧时，加入硫酸锰和碱性碘化钾后，如果发现是白色沉淀，可能的原因是什么？

2.4.7 氧化还原滴定法——水中余氯的测定

余氯是指水经过加氯消毒，接触一定时间后，氯除了与水中细菌、微生物、有机物、无机物等作用消耗一部分外，还在水中剩余了一部分，这部分余留的有效氯量就叫作余氯。余氯是一种常用的水质消毒剂，它能有效杀灭水中的细菌、病毒和其他微生物，预防水源的污染和传播水源性疾病。通过检测余氯浓度，可以确保水的消毒效果符合卫生标准，保证供水系统的安全和健康，对于水质消毒、食品安全、水处理过程的监测等都具有重要意义。我国要求加氯消毒的饮用水，在氯与水接触30 min后游离氯的含量不能低于0.3 mg/L，而管网的末梢水中不能低于0.05 mg/L。城市的复杂用水加氯消毒，要求接触30 min后氯量大于1.0 mg/L，管网末端的含量要大于0.2 mg/L。

1. 实验目的

(1) 了解水中余氯测定的意义。

(2) 掌握碘量法测定余氯的原理和操作。

2. 实验原理

氯的单质或次氯酸盐加入水中后,经水解生成游离性有效氯,包括含水分子氯、次氯酸和次氯酸盐等形式,它们的相对比例决定于水的 pH 和温度,在多数水体的 pH 条件下,主要是次氯酸和次氯酸盐。游离性氯与铵和某些含氮化合物反应,生成化合性有效氯(如氯与铵反应生成一氯胺、二氯胺和三氯化氮)。游离性氯与化合性氯二者都同时存在于水中。氯化过的污水和某些工业废水,通常只含有化合性氯。测定的原理如下:余氯在酸性溶液内与碘化钾作用,释放出定量的碘,再以硫代硫酸钠标准溶液滴定。

$$2KI + 2CH_3COOH = 2CH_3COOK + 2HI$$

$$2HI + HOCl = I_2 + HCl + H_2O (或 2HI + Cl_2 = 2HCl + I_2)$$

$$I_2 + 2Na_2S_2O_3 = 2NaI + Na_2S_4O_6$$

碘量法适用于所测定总余氯含量大于 1 mg/L 的水样。本法测定值为总余氯,包括 $HOCl$、ClO^-、NH_2Cl 和 $NHCl_2$ 等。

3. 仪器

(1) 250 mL 碘量瓶。

(2) 50 mL 酸式滴定管。

(3) 5 mL、10 mL、50 mL 移液管。

(4) 万分之一电子分析天平。

(5) 其他一般实验室常用仪器和设备。

4. 试剂

(1) 碘化钾:要求不含游离碘及碘酸钾。

(2) (1+5) 硫酸溶液。

(3) 0.5% 淀粉溶液:称取 1 g 可溶性淀粉,用少量水调成糊状,在搅动下加到 200 mL 水中,继续煮沸至透明,冷却后转入洁净的烧杯中。夏季室温下一周内有效,冬季室温下两周内有效。可加入少许水杨酸或氯化锌防腐。

(4) 0.01 mol/L $Na_2S_2O_3$ 溶液:称取 2.5 g 五水合硫代硫酸钠($Na_2S_2O_3 \cdot 5H_2O$)溶于煮沸放冷的水中,加入 0.2 g 碳酸钠,用水稀释至 1000 mL,贮于棕色瓶中。使用前用 KIO_3 标准溶液标定。

(5) KIO_3 标准溶液:准确称取 3.567 g 在 180 ℃干燥 1 h 的 KIO_3,用水溶解后转入 1 L 容量瓶中,用水稀释至标线。临用前移取 100.0 mL 于 1 L 容量瓶中,加水定容,此溶液浓度为 $c_{1/6\ KIO_3}$ = 0.0100 mol/L。

(6)乙酸盐缓冲溶液(pH=4):称取 146 g 无水乙酸钠溶于水中,加入 457 mL 乙酸,用水稀释至 1000 mL。

5. 实验步骤

(1)标定 $Na_2S_2O_3$ 溶液。移取 10.00 mL KIO_3 标准溶液于锥形瓶中,加入 100 mL 水、1 g KI、5 mL 1 mol/L H_2SO_4 溶液,立即用 $Na_2S_2O_3$ 溶液滴定至浅黄色,加入 3 mL 淀粉溶液,继续滴定至蓝色消失为终点。平行滴定 3 份,计算 $Na_2S_2O_3$ 标准溶液的浓度。

(2)吸取 100 mL 水样(如含量小于 1 mg/L 时,可吸取 200 mL 水样)于 250 mL 碘量瓶内,加入 0.5 g 碘化钾和 5 mL 乙酸盐缓冲溶液,以 0.01 mol/L $Na_2S_2O_3$ 标准溶液滴定至变成淡黄色,加入 3 mL 淀粉溶液,继续滴定至蓝色刚好退去,记录 $Na_2S_2O_3$ 溶液用量。数据记录于表 2-14 中。

6. 原始数据记录

实验原始数据记录于表 2-13、表 2-14 中。

表 2-13 $Na_2S_2O_3$ 标准溶液的标定记录表　　　　　　　　　　年　月　日

指标	测定次数		
	Ⅰ	Ⅱ	Ⅲ
V_1/ mL			
$c_{Na_2S_2O_3}$/ (mol/L)			

注:V_1 为标定 $Na_2S_2O_3$ 时,$Na_2S_2O_3$ 溶液的消耗量,mL。

表 2-14 水样余氯的测定记录表　　　　　　　　　　年　月　日

指标	测定次数		
	Ⅰ	Ⅱ	Ⅲ
V_2/ mL			
溶解氧浓度(O_2,mg/L)			

注:V_2 为滴定水样时,$Na_2S_2O_3$ 溶液的消耗量,mL。

7. 结果计算

(1)$Na_2S_2O_3$ 标准溶液的浓度:

$$c_{Na_2S_2O_3} = \frac{0.01000 \times 10}{V_1}$$

(2)水样的溶解氧浓度:

$$溶解氧浓度(Cl_2, mg/L) = \frac{c_{Na_2S_2O_3} \times V_2 \times 35.46 \times 1000}{100}$$

式中：$c_{Na_2S_2O_3}$——$Na_2S_2O_3$ 标准溶液浓度，mol/L；

35.46——总余氯(Cl_2)的摩尔质量，g/mol。

8. 思考题

(1)水中含有亚硝酸盐、高价铁和锰时，可能对测定产生何种干扰？

(2)如果淀粉指示剂提前加入，会对测定结果产生何种影响？

2.4.8 氧化还原滴定法——五日生化需氧量(BOD_5)的测定

生化需氧量(biochemical oxygen demanded，BOD)，是指在一定时间内及一定温度条件下，好氧微生物分解水中的可氧化物质(特别是有机物质)所消耗的溶解氧量。生化需氧量是反映水中有机污染物含量的一个综合指标。BOD值越高，说明水中有机污染物质越多，污染也就越严重。

生化需氧量和化学需氧量(COD)的比值能说明水中难以生化分解的有机物占比，微生物难以分解的有机污染物对环境造成的危害更大。通常认为废水中这一比值大于0.3时适合进行生化处理。

污水中各种有机物氧化分解所需时间较长，约为100天左右。一般生化需氧量的测定是在20℃下，测定5天内的耗氧量，称为五日生化需氧量(BOD_5)。对生活污水来说，它约等于完全氧化分解耗氧量的70%。

1. 实验目的

(1)了解生化需氧量的测定原理。

(2)了解稀释比的选择。

2. 实验原理

将待测定水样完全充满于封闭的溶解氧瓶中，在20℃条件下置于暗处培养5天，分别测定培养前后水样中溶解氧的浓度，二者之差即为五日生化需氧量(BOD_5)，以氧的mg/L表示。

若BOD_5测定值大于6 mg/L，则需要将水样进行适当稀释后再培养测定，稀释的程度应使培养中所消耗的溶解氧大于2 mg/L，而剩余溶解氧在1 mg/L以上。

对于不含或含微生物较少的工业废水(如酸性废水、碱性废水、高温废水或经过氧化处理的废水)，测定时需进行接种以引入可分解水中有机物的微生物。若水中含有难以降解的有机物或者剧毒物质时，应驯化微生物后再在水样中进行接种。

3. 实验仪器和设备

(1)恒温培养箱。

(2)5~20 L细口玻璃瓶。

(3)1000~2000 mL量筒。

(4)长玻璃棒:棒的长度比所用量筒高度多200 mm,在棒的底端固定一个直径比量筒底小、并带有小孔的硬橡胶板。

(5)250 mL 细口溶解氧瓶:带有磨口玻璃塞并具有供水封用的钟形口。

(6)虹吸管:供分取水样和添加稀释水用。

(7)250 mL 碘量瓶。

(8)50 mL 酸式滴定管。

(9)5 mL、10 mL、50 mL 移液管。

(10)万分之一电子分析天平。

(11)其他一般实验室常用仪器和设备。

4. 试剂

(1)磷酸盐缓冲溶液(pH=7.2):称取 8.5 g 磷酸二氢钾(KH_2PO_4)、21.75 g 磷酸氢二钾(K_2HPO_4)、33.4 g 七水合磷酸氢二钠($Na_2HPO_4 \cdot 7H_2O$)、1.7 g 氯化铵(NH_4Cl),溶于水中,稀释至 1000 mL。

(2)硫酸镁溶液:称取 22.5 g 七水合硫酸镁($MgSO_4 \cdot 7H_2O$)溶于水中,稀释至 1000 mL。

(3)氯化钙溶液:称取 27.5 g 无水氯化钙($CaCl_2$)溶于水中,稀释至 1000 mL。

(4)氯化铁溶液:称取 0.25 g 六水合氯化铁($FeCl_3 \cdot 6H_2O$)溶于水中,稀释至 1000 mL。

(5)盐酸溶液(0.5 mol/L):量取 40 mL 浓盐酸(HCl)溶于水中,稀释至 1000 mL。

(6)氢氧化钠溶液(0.5 mol/L):称取 20 g 氢氧化钠(NaOH)溶于水中,稀释至 1000 mL。

(7)亚硫酸钠溶液($c_{1/2\ Na_2SO_3}=0.025$ mol/L):称取 1.575 g 亚硫酸钠(Na_2SO_3)溶于水中,稀释至 1000 mL。此溶液不稳定,需每天重新配制。

(8)稀释水。在 5~20 L 玻璃瓶内装入一定量的水,控制水温在 20 ℃左右,然后用无油空气压缩机或薄膜泵,将吸入的空气按先后顺序经活性炭吸附管及水洗涤管后,导入稀释水内曝气 2~8 h,使稀释水中的溶解氧接近饱和。瓶口盖上两层干纱布,置于 20 ℃培养箱中放置数小时,使水中溶解氧含量达 8 mg/L 左右。临用前每升水中加入氯化钙溶液、氯化铁溶液、硫酸镁溶液、磷酸盐缓冲溶液各 1 mL,并混合均匀。

稀释水的 pH 值应为 7.2,BOD_5 应小于 0.2 mg/L。

(9)接种液:选择以下任一方法以获得适用的接种液。

①城市污水:一般采用生活污水,在室温下放置一昼夜,取上清液使用。

②表层土壤浸出液:取 100 g 花园或植物生长土壤,加入 1 L 水,混合并静置 10 min,取上清液使用。

③含城市污水的河水或湖水。

④污水处理厂的出水。

⑤当分析含有难于降解物质的废水时,在其排污口下游适当距离处取水样作为废水的驯化接种液。若无此种水源,可取中和或经适当稀释后的废水进行连续曝气,每天加入少量该种废水,同时加入适量表层土壤或生活污水,使可适应该种废水的微生物大量繁殖。当水中出现大量絮状物,或其化学需氧量的降低值出现突变时,表明微生物已进行繁殖,可用作接种液。一般驯化过程需要3~8天。

(10)接种稀释水:分取适量接种液,加入稀释水中,混匀。每升稀释水中接种液加入量为:生活污水1~10 mL;表层土壤浸出液20~30 mL;河水、湖水10~100 mL。

接种稀释水的pH值应为7.2,BOD_5应在0.3~1.0 mg/L范围内。接种稀释水配制后立即使用。

(11)葡萄糖-谷氨酸标准溶液:将葡萄糖和谷氨酸在103 ℃干燥1 h后,各取150 mL溶于水中,移入1000 mL容量瓶内并定容混匀。此标准溶液临用前配制。

(12)2 mol/L $MnSO_4$ 溶液:称取170 g硫酸锰($MnSO_4 \cdot H_2O$)溶于水中,用水稀释至500 mL。如有不溶物,应过滤去除。

(13)碱性碘化钾溶液(KI-NaOH):称取150 g碘化钾溶于200 mL水中,再将180 g氢氧化钠溶解于200 mL水中,冷却后将两溶液合并,混匀,用水稀释至500 mL。贮于配橡胶塞的棕色细口瓶中。

(14)1 mol/L 硫酸溶液。

(15)0.5% 淀粉溶液:称取1 g可溶性淀粉,用少量水调成糊状,在搅动下加到200 mL水中,继续煮沸至透明,冷却后转入洁净的烧杯中。夏季室温下一周内有效,冬季室温下两周内有效。可加入少许水杨酸或氯化锌防腐。

(16)0.01 mol/L $Na_2S_2O_3$ 溶液:称取2.5 g硫代硫酸钠($Na_2S_2O_3 \cdot 5H_2O$)溶于煮沸放冷的水中,加0.2 g碳酸钠,用水稀释至1000 mL,贮于棕色瓶中。使用前用KIO_3标准溶液标定。

(17) KIO_3 标准溶液:准确称取3.567 g在180 ℃干燥1 h的KIO_3,用水溶解后转入1 L容量瓶中,用水稀释至标线。临用前移取100.0 mL于1 L容量瓶中,加水定容,此溶液浓度为$c_{1/6\ KIO_3}$=0.0100 mol/L。

5.实验步骤

1)不经稀释水样的测定

对于溶解氧含量较高、有机物含量较少的地表水,可不经稀释直接测定。利用虹吸法将混匀水样转移入两个溶解氧瓶中(注意转移过程中不应产生气泡),使两个瓶内充满水样并溢出少许后,加塞盖住(瓶内不应有气泡)。

取其中一瓶利用碘量法直接测定溶解氧,另一瓶将瓶口水封后,放入恒温培养箱,在20℃条件下培养5天后(培养过程中注意添加封口水),弃去封口水,测定剩余的溶解氧。

2)需经稀释水样的测定

a.稀释倍数的确定

(1)地表水:根据表2-15,由前文测得的高锰酸盐指数与一定系数的乘积,确定稀释倍数。

表2-15　由高锰酸盐指数与一定系数的乘积确定稀释倍数

高锰酸盐指数(mg/L)	系数	高锰酸盐指数(mg/L)	系数
<5	—	10~20	0.4、0.6
5~10	0.2、0.3	>20	0.5、0.7、1.0

(2)工业废水:由前文重铬酸钾法测得的COD值分别乘以系数0.075、0.15、0.225,即获得3个稀释倍数。

b.稀释操作

(1)一般稀释法。根据选定的稀释比例,用虹吸法沿量筒壁引入部分稀释水(或接种稀释水)于1000 mL量筒中,加入需要量的均匀水样,再加入稀释水(或接种稀释水)至800 mL,用玻璃棒慢慢上下搅匀(搅拌时勿使搅棒的搅拌露出水面,防止产生气泡)。

按不经稀释水样测定的相同步骤进行装瓶,测定当天溶解氧和培养5天后的溶解氧。

另取两个溶解氧瓶,用虹吸法装满稀释水(或接种稀释水)做空白实验,测定5天前后的溶解氧。

(2)直接稀释法。直接稀释法是在溶解氧瓶内直接稀释,即在两个容积相同的溶解氧瓶内,用虹吸法加入部分稀释水(或接种稀释水),再加入根据瓶容积和稀释比例计算出的水样量,然后加入稀释水(或接种稀释水)使刚好充满,加塞(注意瓶内不能有气泡),其余操作与上述一般稀释法相同。

6.原始数据记录

实验原始数据记录于表2-16、表2-17中。

表2-16　不经稀释水样五日生化需氧量的测定记录表　　年　月　日

指标	测定次数		
	Ⅰ	Ⅱ	Ⅲ
c_1/(mg·L^{-1})			
c_2/(mg·L^{-1})			

注:c_1为培养前水样中的溶解氧浓度,mg/L;c_2为培养5天后水样中剩余的溶解氧浓度,mg/L。

表 2-17 经稀释后水样五日生化需氧量的测定记录表　　　　年　月　日

指标	测定次数		
	Ⅰ	Ⅱ	Ⅲ
$c_1/(\mathrm{mg \cdot L^{-1}})$			
$c_2/(\mathrm{mg \cdot L^{-1}})$			
$B_1/(\mathrm{mg \cdot L^{-1}})$			
$B_2/(\mathrm{mg \cdot L^{-1}})$			

注:c_1 为培养前的稀释水样中的溶解氧浓度,mg/L;c_2 为培养 5 天后的稀释水样中剩余的溶解氧浓度,mg/L;B_1 为稀释水(或接种稀释水)在培养前的溶解氧浓度,mg/L;B_2 为稀释水(或接种稀释水)在培养后的溶解氧浓度,mg/L。

7.结果计算

(1)不经稀释直接测定的水样:

$$\mathrm{BOD}_5(\mathrm{mg/L}) = c_1 - c_2$$

(2)经稀释测定的水样:

$$\mathrm{BOD}_5(\mathrm{mg/L}) = \frac{(c_1 - c_2) - (B_1 - B_2)f_1}{f_2}$$

式中:f_1——稀释水(或接种稀释水)在培养液中所占比例;

f_2——水样在培养液中所占比例。

f_1、f_2 的计算方法:若水样的稀释倍数为 5,即培养液中含 1 份水样、4 份稀释水,则 $f_1 = 0.8, f_2 = 0.2$。

8.干扰及消除

(1)生化处理池出水中含有大量硝化细菌,在测定五日生化需氧量时包括了部分含氮氧化物的需氧量。对于这样的水样,如果只需要测定有机物降解的需氧量,可加入硝化抑制剂,抑制消化过程。可在每升稀释水样中加入 1 mL 浓度为 500 mg/L 的丙烯基硫脲。

9.注意事项

(1)测定生化需氧量的水样,采集时应充满并密封于瓶中,0~4 ℃条件下保存。一般应在 6 小时内进行分析。任何情况下,贮存时间不应超过 24 h。

(2)玻璃仪器应彻底清洗。先用洗涤剂浸泡清洗,然后用稀盐酸浸泡,最后依次用自来水、蒸馏水洗净。

(3)本实验方法适用于测定 BOD_5 大于或等于 2 mg/L,但不超过 6000 mg/L 的水样。当 BOD_5 大于 6000 mg/L 时,会因稀释带来一定的误差。

(4)可用葡萄糖-谷氨酸标准溶液检查稀释水和接种液的质量。将 20 mL 葡萄糖-谷氨酸标准溶液用接种稀释水稀释至 1000 mL,按测定 BOD_5 的步骤操作,测得 BOD_5 的值应在 180~230 mg/L 范围内。

10. 思考题

(1)生化需氧量和化学需氧量的区别是什么?生化需氧量和化学需氧量的比值能说明什么问题?

(2)测定废水的 BOD_5 为什么要进行稀释?如何配制稀释水?

2.4.9 沉淀滴定法——水中 Cl^- 的测定

氯化物(Cl^-)是水和废水中一种常见的无机阴离子化合物,是天然水中含量最高的盐类之一。在饮用水中,氯化物含量在 100 mg/L 以下时,对人类健康没有影响;当水中氯化物含量达到 250 mg/L,相应的阳离子为钠时,会产生咸味;达到 500~1000 mg/L 时,可以使水产生令人厌恶的苦咸味。氯化物含量高的水还可能对配水系统产生腐蚀作用,并妨碍植物生长。

水中 Cl^- 的测定可采用莫尔法。莫尔法的应用比较广泛,生活饮用水、工业用水、环境水质监测及一些化工产品、药品、食品中氯的测定都可使用莫尔法。

1. 实验目的

(1)掌握银量法测定氯离子的测定原理和测定方法。

(2)学习 $AgNO_3$ 标准溶液的配制与标定。

2. 实验原理

水中 Cl^- 的测定一般采用莫尔法(Mohr method)。莫尔法是在中性至弱碱性范围内(pH 值为 6.5~10.5),以铬酸钾(K_2CrO_4)为指示剂,用 $AgNO_3$ 标准溶液滴定水中的 Cl^-,滴定开始时,由于氯化银的溶解度小于铬酸银的溶解度,$AgNO_3$ 标准溶液首先与 Cl^- 反应生成白色沉淀。

$$Ag^+ + Cl^- = AgCl\downarrow (白色)$$

Cl^- 完全被沉淀出来后,加入的稍过量的 $AgNO_3$ 标准溶液与指示剂铬酸钾(K_2CrO_4)反应生成砖红色沉淀,指示滴定终点的到达。

$$2Ag^+ + CrO_4^{2-} = Ag_2CrO_4\downarrow (砖红色)$$

3. 实验仪器和设备

(1)100 mL、1000 mL 容量瓶。

(2)250 mL 锥形瓶。

(3)25 mL 棕色酸式滴定管。

(4)5 mL、10 mL、25 mL、50 mL 移液管。

(5)万分之一电子分析天平。

(6)其他一般实验室常用仪器和设备。

4. 试剂

(1)0.0141 mol/L NaCl 标准溶液:将 NaCl(基准试剂)置于 105 ℃烘箱中烘干 2 h,在干燥器中冷却后称取 8.2400 g,溶于蒸馏水,在容量瓶中稀释至 1000 mL。用吸量管吸取 10.0 mL,在容量瓶中准确稀释至 100 mL。

(2)0.0141 mol/L $AgNO_3$ 溶液:将 2.3950 g $AgNO_3$(于 105 ℃烘干半小时)溶于水中,在容量瓶中稀释至 1000 mL,贮存于棕色瓶中。

(3)50 g/L 铬酸钾溶液:称取 5 g K_2CrO_4 溶于少量蒸馏水中,滴加硝酸银溶液至有红色沉淀生成,摇匀,静置 12 h,然后过滤并用蒸馏水将滤液稀释至 100 mL。

(4)高锰酸钾溶液($c_{1/5\ KMnO_4}=0.01$ mol/L)。

(5)30% 过氧化氢(H_2O_2)。

(6)0.05 mol/L H_2SO_4 溶液。

(7)0.05 mol/L NaOH 溶液。

(8)95%乙醇溶液。

(9)酚酞指示剂溶液:称取 0.5 g 酚酞溶于 50 mL 95%乙醇中,加入 50 mL 蒸馏水,再滴加 0.05 mol/L 氢氧化钠溶液使之呈微红色。

(10)广泛 pH 试纸。

5. 实验步骤

(1)标定 $AgNO_3$ 标准溶液。移取 25.00 mL NaCl 标准溶液于锥形瓶中,加入 25 mL 纯水,然后加入 1 mL 5% 的 K_2CrO_4 溶液,摇匀,用 $AgNO_3$ 溶液滴定,边滴定边剧烈摇动锥形瓶,至出现砖红色即为终点。平行滴定 3 份,记录 $AgNO_3$ 用量,计算 $AgNO_3$ 标准溶液的浓度。

(2)水样的测定。准确吸取 50.00 mL 水样于 250 mL 锥形瓶中,用 pH 试纸测定水样 pH 值,若 pH 值在 6.5~10.5 范围内,则直接加入 1 mL 5% 的 K_2CrO_4 溶液,摇匀,用 $AgNO_3$ 溶液进行滴定,边滴定边剧烈摇动锥形瓶,滴定至出现砖红色即为终点。平行滴定 3 份。

若水样 pH 值范围超出 6.5~10.5 范围,则以酚酞做指示剂,用稀硫酸或氢氧化钠溶液调节至红色刚刚退去,再加入 1 mL 5% 的 K_2CrO_4 溶液,利用 $AgNO_3$ 溶液进行滴定。

(3)空白实验:取 50.00 mL 蒸馏水于 250 mL 锥形瓶中,与水样测定步骤相同进行实验,进行 3 次的平行测定。

6. 原始数据记录

实验原始数据记录于表 2-18、表 2-19 中。

表 2-18　AgNO₃ 标准溶液的标定记录表　　　　　　　　　　　年　月　日

指标	测定次数		
	I	II	III
V_1 / mL			
c_{AgNO_3} / mol/L			

注：V_1 为标定 AgNO₃ 时，AgNO₃ 溶液的消耗量，mL。

表 2-19　水样 Cl⁻ 的测定记录表　　　　　　　　　　　　年　月　日

指标	测定次数		
	I	II	III
V_2 / mL			
V_3 / mL			
c_{Cl^-} /(mg · L⁻¹)			

注：V_2 为滴定水样时，AgNO₃ 溶液的消耗量，mL；V_3 为滴定空白时，AgNO₃ 溶液的消耗量，mL。

7. 结果计算

(1) AgNO₃ 标准溶液的浓度：

$$c_{AgNO_3} = \frac{0.014100 \times 25}{V_1}$$

(2) 水中 Cl⁻ 浓度：

$$c_{Cl^-}(\text{mg/L}) = \frac{c_{AgNO_3} \times (V_2 - V_3) \times 35.45 \times 1000}{V_{水样}}$$

式中：c_{AgNO_3}——AgNO₃ 标准溶液浓度，mol/L；

$V_{水样}$——所取水样的体积，50.00 mL。

8. 干扰及消除

溶液中若存在较多的 Cu^{2+}、Co^{2+}、Cr^{3+} 等有色离子时，将影响目视终点，凡是能与 Ag^+ 或 CrO_4^{2-} 发生化学反应的阴、阳离子都干扰测定，应预先去除。

9. 注意事项

(1) 滴定时，必须剧烈摇动锥形瓶，使被吸附的 Cl⁻ 重新进入溶液中。

(2) 所用 NaCl 必须为基准试剂。

10. 思考题

(1) 配制 0.0141 mol/L NaCl 标准溶液时，为什么要先准确称量 8.2400 g NaCl，配制成

1000 mL 溶液后,再进行 10 倍稀释? 能否准确称量 0.8240 g,直接定容至 1000 mL?

(2)为什么要进行空白实验?

(3)贮存 $AgNO_3$ 溶液为什么要用棕色试剂瓶,放在暗处保存?

(4)滴定时,为什么要控制指示剂的加入量?

第 3 章

重量分析方法

3.1 重量分析法简介

重量分析法(gravimetry analysis)是用适当方法将试样中待测组分与其他组分分离,然后用称量的方法测定该组分含量的一类方法。根据分离待测组分方法的不同,重量分析法可分为沉淀法(precipitation method)、气化法(evaporating method)、滤膜阻留法(filter membrane retention method)等。在环境样品分析中,重量分析法主要用于水中残渣、矿化度、矿物油的测定和大气中悬浮颗粒物的测定。

重量分析法(重量法)的准确度高,但是操作复杂,对低含量组分的测定误差较大。

3.2 沉淀重量分析的基本操作及注意事项

沉淀重量法是指将待测组分通过化学反应转化为可称量物质后,通过称量以确定待测定组分含量的方法。沉淀重量分析的基本操作包括沉淀生成、转移、过滤、洗涤、干燥、恒重和称量等。为得到准确的分析结果,应细心执行每一步操作。

3.2.1 沉淀的生成

将待测组分转化成沉淀时,应注意生成沉淀的条件,即加入试剂的顺序、加入试剂的量与浓度、加入试剂的速度、沉淀体系的温度和酸度,以及陈化时间等。应严格按照实验规定进行操作,否则会产生较大误差。

首先准备好内壁和底部光洁的烧杯,配以合适的玻璃棒和表面皿。称取一定量的试样或量取一定体积的待测液置于烧杯中,将试样溶解后,加入沉淀剂及其他试剂进行沉淀。

对于无定形沉淀(如 $Fe(OH)_3$),一般在较热的溶液中进行沉淀,沉淀剂可一次性加入到溶液中去,沿着烧杯壁或玻璃棒缓慢倾倒,注意避免溶液溅出,同时用玻璃棒慢慢搅拌,搅拌时注意尽量不要让玻璃棒触及烧杯内壁,以免造成烧杯划损而使沉淀黏附在划痕上。待沉淀完全后，迅速用热蒸馏水冲洗，不必陈化。待沉淀沉降后，立即趁热过滤和洗涤。

对于晶形沉淀（如 $BaSO_4$），用滴管逐滴加入沉淀剂并同时用玻璃棒搅拌以防沉淀剂局部过浓。搅拌时不要让玻璃棒触及烧杯内壁。待沉淀完全后，盖上表面皿放置过夜或加热搅拌一定时间进行陈化。

在热溶液中进行沉淀时，一般用水浴加热或在低温电热板上进行加热，以防溶液溅出。

沉淀剂加完后应检查沉淀是否完全。检查方法是：将溶液静置，待沉淀沉降后，于上层清液中加入一滴沉淀剂，观察液滴落处是否还有混浊出现。

注意：在整个实验过程中，玻璃棒、表面皿与烧杯要一一对应，不能互换。

3.2.2 沉淀的过滤

1. 定量滤纸的种类及选择

分析化学实验中常用的滤纸分为定量滤纸和定性滤纸两种。定量滤纸灼烧后其每张灰分的质量小于 0.1 mg，在重量分析中可以忽略不计，故也称为无灰滤纸。

沉淀法中一般使用定量滤纸对沉淀进行过滤。定量滤纸按过滤速度和分离性能的不同，又分为快速、中速、慢速三类。常用的定量滤纸的规格及技术指标见表 3-1。

表 3-1 主要定量滤纸的规格及技术指标

指标	快速	中速	慢速
*滤水时间/min	≤35	≤70	≤140
型号	201	202	203
分离性能（沉淀物）	$Fe(OH)_3$	$PbSO_4$	$BaSO_4$（热）
灰分	≤0.009%		
圆形滤纸直径/mm	55, 70, 90, 110, 125, 150, 180, 230, 270		

注：*滤水时间指，将滤纸放入玻璃漏斗中，倒入 25 mL 水，初始滤出的 5 mL 水不计，然后用秒表计量滤出 10 mL 水所用的时间。

过滤时要根据沉淀的性质选择合适的定量滤纸。如过滤 $BaSO_4$、CaC_2O_4 等晶形沉淀，应选用较小的慢速滤纸（直径 9～11 cm）；过滤 $Fe(OH)_3$ 等胶体沉淀，则需要用较大的快速滤纸（直径 11～12 cm）。

2. 滤纸的折叠与安放

用洁净干燥的手将滤纸整齐对折，再对折成圆锥形，为保证滤纸与漏斗密合，第二次对折不要折死。将圆锥体滤纸打开放入漏斗，若滤纸与漏斗不完全密合，可稍稍改变滤纸的折叠角度。这时再把第二次的折边压紧。

取出滤纸，将外层折边撕掉一小块，目的是使内层滤纸更加贴紧漏（滤纸的折叠和安放见图 3.1)。撕下来的直角保存在洁净干燥的表面皿上,用以擦拭烧杯。

滤纸放入漏斗后,其边缘应比漏斗口低 0.5~1 cm。三层处应在漏斗颈出口短的一边。用手按住滤纸三层的一边由洗瓶吹出细水流以润湿滤纸,手指堵住漏斗下口,稍稍掀起滤纸一边,用洗瓶向滤纸和漏斗之间的空隙加水,直到漏斗颈及锥体的一部分全部被水充满,缓慢放松堵住漏斗下口的手指,滤纸"下沉",同时用手指轻按滤纸排除锥体部分的气泡使其贴紧漏斗,直至颈内的气泡完全排除,则放开手指,形成水柱。如果水柱仍不能保留,说明滤纸和漏斗之间密合性差,应再试一次(注意:做水柱时,不可用力按压滤纸,以防止滤纸破裂而造成穿滤)。

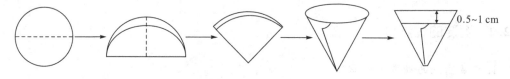

图 3-1 滤纸折叠和安放

3. 沉淀的过滤操作

将准备好的漏斗放在漏斗架上,下面放一洁净的烧杯承接滤液。漏斗位置的高低,以漏斗的颈末端不接触到滤液为宜,并使漏斗颈贴住烧杯内壁。

过滤一般采用倾注法(见图 3-2)。即待沉淀沉降后,一手拿搅拌棒,垂直置于滤纸三层部分的上方,搅拌棒下方尽可能接近但不接触滤纸。另一手拿起盛着沉淀的烧杯,尽量不搅起沉淀,将上清液沿玻璃棒慢慢倾入漏斗中。倾注的溶液最多加到滤纸边缘约 0.5~0.6 cm 的地方,以防滤液因毛细作用越过滤纸边缘。

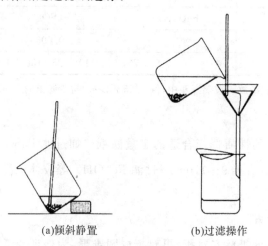

(a)倾斜静置　　　　(b)过滤操作

图 3-2 倾注法过滤

停止倾注溶液时,保持搅拌棒位置不动,将烧杯沿搅拌棒向上提,逐渐扶正烧杯,再将搅拌棒放回烧杯中,注意勿靠在杯嘴处。

清液倾注完毕后,进行沉淀的初步洗涤。用洗瓶或滴管将 15～20 mL 水或洗涤液沿烧杯内壁垂直加到沉淀上,用玻璃棒搅动沉淀以充分洗涤,再将烧杯斜放在小木块上,使沉淀下沉并集中在烧杯一侧,以利沉淀和清液分离,澄清后再用倾注法过滤。如此反复洗涤、过滤多次。一般晶形沉淀洗 2～3 次,胶状沉淀洗 5～6 次。

初步洗涤沉淀后,进行沉淀的定量转移。向盛有沉淀的烧杯中加入少量洗涤液(洗涤液的量,应是滤纸上一次能容纳的),用玻璃棒充分搅动后,立即将悬浮液转移至滤纸上。然后用洗瓶冲洗杯壁和玻璃棒上的沉淀,再次进行转移。如此反复多次,尽可能将沉淀全部转移到滤纸上。对于仍黏附在烧杯内壁和玻璃棒上的最后少量沉淀,可以用原撕下的滤纸角进行擦拭,擦拭过的滤纸角放在漏斗中的沉淀内。在明亮处仔细检查烧杯内壁和玻璃棒上是否还有沉淀,如有沉淀痕迹,应再进行擦拭和转移,直到沉淀完全转移为止。

4. 沉淀的洗涤

沉淀完全转移到滤纸上后,须在滤纸上洗涤沉淀。洗涤的目的是去除沉淀表面所吸附的杂质和残留的母液,得到纯净的沉淀。洗涤时遵循"少量多次"的原则,洗涤时先将洗瓶对着水槽(或空烧杯)捏挤以排出空气,再用洗瓶自上而下地进行螺旋式淋洗,每次使用少量洗涤液(没过沉淀即可)进行多次洗涤。

洗涤多次后,用干净试管接取约 1 mL 滤液,选择灵敏、快速的定性反应检验沉淀是否洗净。

5. 沉淀的烘干和灼烧

(1)坩埚的准备。用自来水洗净坩埚后,置于热盐酸(去除 Al_2O_3、Fe_2O_3)或铬酸洗液中浸泡十几分钟(去油脂),然后用玻璃棒夹出,用自来水和去离子水洗净,烘干,再用钴盐或铁溶液在坩埚及盖上写明编号(注意坩埚和盖子必须一一对应)。然后置于高温炉中灼烧。灼烧的条件应与灼烧沉淀时的条件相同。灼烧时间为 15～30 min。用预热过的坩埚钳夹出坩埚,置于耐火板或泥三角上自然冷却后,放入干燥器中(见图 3-3),注意不能把太热的坩埚立即放入干燥器中。再将干燥器移至天平室冷却 30～50 min 至室温时再称量,将称量的质量准确的记录下来。再将坩埚二次灼烧 15～20 min,冷却称量。重复这样的操作,直到两次称量的质量之差不超过 0.3 mg,即可认为坩埚恒重。

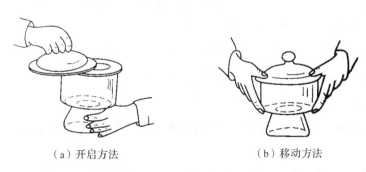

(a)开启方法　　　　　　(b)移动方法

图 3-3　干燥器的开启和移动

(2)沉淀的包裹。对于晶形沉淀,用洁净的搅拌棒将滤纸三层部分掀起两处,分别用食指和拇指捏住滤纸的翘起部分,慢慢将其取出。打开成半圆形,自右端 1/3 半径处折叠一次,再自上而下折一次,然后从右向左卷成小卷(见图 3-4),最后将其放入已恒重的坩埚内,包裹层数较多的一面向上,以便炭化和灰化。

对于胶状沉淀,可在漏斗内用玻璃棒将滤纸周边挑起并向内折,把锥体的敞口封住(见图 3-5),然后取出倒过来尖朝上放入坩埚中。

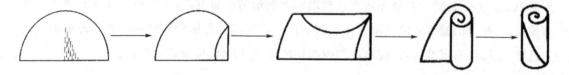

图 3-4　晶形沉淀的包裹

图 3-5　胶状沉淀的包裹

(3)沉淀的烘干、灼烧。将装有沉淀的坩埚置于低温电炉上加热,把坩埚盖半掩着倚于坩埚口,将滤纸和沉淀烘干至滤纸全部炭化(滤纸变黑)。注意只能冒烟,不能冒火,以免沉淀颗粒随火飞散而损失。炭化后可逐渐调高温度,使滤纸灰化。

待滤纸全部成白色后,将坩埚移入高温炉中灼烧一定时间(如 $BaSO_4$ 20 min,Al_2O_3、CaO 30 min,CaO 60 min),冷却后称量,再灼烧至恒重。

6. 沉淀的称量与恒重

称量方法与称量空坩埚的方法相同,但称量速度要快些,特别是称量吸湿性强的沉淀时更应注意。

带沉淀的坩埚,其连续两次称量之差在 0.3 mg 内,即可认为已达到恒重。

3.3 重量法实验

3.3.1 硫酸盐的测定

硫酸盐在自然界分布广泛,天然水中硫酸盐的浓度可从几毫克/升至数千毫克/升。地表水和地下水中硫酸盐主要来源于岩石土壤中矿物组分的风化和淋溶,金属硫化物氧化也会使硫酸盐含量增大。

水中少量硫酸盐对人体健康无影响。当水中硫酸盐超过 250 mg/L 时有致泻作用。饮用水中硫酸盐含量不应超过 250 mg/L。

1. 实验目的

(1) 掌握重量法测定硫酸盐的原理。

(2) 学习晶形沉淀的制备方法。

(3) 掌握重量法测定硫酸盐的操作步骤。

(4) 建立恒重的概念。

2. 实验原理

在盐酸介质中,硫酸盐与加入的氯化钡形成硫酸钡沉淀。在接近于沸腾的条件下进行沉淀,并煮沸至少 20 min,使沉淀陈化后过滤,洗涤沉淀至无氯离子为止,对沉淀进行烘干或灼烧,冷却后称量硫酸钡测重量,根据称得的沉淀重量计算水中硫酸盐浓度。

3. 实验仪器和设备

(1) 水浴锅。

(2) 烘箱。

(3) 马弗炉。

(4) 慢速定量滤纸:酸洗并经过硬化处理。

(5) 0.45 μm 滤膜。

(6) 瓷坩埚、坩埚钳。

(7) 玻璃漏斗。

(8) 万分之一电子分析天平。

(9) 其他一般实验室常用仪器和设备。

4. 试剂

(1) (1+1) 盐酸。

(2) 100 g/L 氯化钡溶液:称取 100±1 g 二水合氯化钡($BaCl_2 \cdot 2H_2O$)溶于约 800 mL 水中,加热助溶,冷却并稀释至 1000 mL。此溶液 1 mL 可沉淀约 40 mg SO_4^{2-}。

(3)0.1% 甲基红指示液。

(4)硝酸银溶液(约 0.1 mol/L):称取 1.7 g $AgNO_3$ 溶于水中,加入 0.1 mL 硝酸,稀释至 100 mL,贮存于棕色瓶中避光保存。

5.实验步骤

1)坩埚的准备

洗净两个坩埚,晾干或在电热干燥箱中烘干。然后进行 2 次灼烧。第一次灼烧 30 min,第二次灼烧 15 min,每次烧完停火后,冷却后再放入干燥器中,再放入天平室冷却 30 min,用电子分析天平准确称量,两次灼烧后所称得的坩埚质量之差不超过 0.3 mg,即为恒重。若仍未恒重,则需要再次灼烧 15 min,冷却、称量,直至恒重。

2)沉淀的制备

将待测水样用 0.45 μm 滤膜过滤后,用移液管准确移取 200 mL 水样置于烧杯中,加入 2 滴甲基红指示液,用盐酸或氨水调至试液呈橙黄色,再加 2 mL 盐酸,加热煮沸 5 min(若煮沸后出现沉淀,应将沉淀过滤去除),缓慢加入约 10 mL 热的氯化钡溶液,直到不再出现沉淀。再继续过量 2 mL,继续煮沸 20 min,放置过夜(或在 50~60 ℃下保持 6 min)使沉淀陈化。

3)过滤

用慢速定量滤纸以倾泻法过滤沉淀,先过滤上清液,再用去离子水洗涤沉淀 3 次,每次用水 15 mL。然后将沉淀转移到滤纸上,并用滤纸角擦除黏附在玻璃棒和烧杯壁上的细微沉淀,再用水少量多次冲洗杯壁和玻璃棒,直到沉淀完全转移。

在含约 5 mL 硝酸银溶液的小烧杯中检验洗涤过程中的氯化物。收集约 5 mL 的过滤洗涤水,如果没有沉淀生成或者不变浑浊,即表明沉淀中已不含氯离子。

4)干燥和称重

从漏斗上取出并包好滤纸,放入已恒重的坩埚中,经小火烘干、中火炭化、大火灰化后,再用大火灼烧 30 min,冷却至室温后,称重。再灼烧 15 min,冷却,称重。反复进行灼烧恒重直到前后两次重量差不大于 0.2 mg 为止。

6.原始数据记录

实验原始数据记录于表 3-2 中。

表 3-2 重量法测定水中硫酸盐记录表　　　　年　月　日

指标	测定次数		
	Ⅰ	Ⅱ	Ⅲ
V/ mL			
m/ mg			

注:V 为所取待测水样的体积,mL;m 为从试样中沉淀出来的硫酸钡的质量,mg。

7. 计算

$$c_{SO_4^{2-}} = \frac{m \times 0.4115 \times 1000}{V}$$

式中:0.4115——$BaSO_4$重量换算为SO_4^{2-}的系数。

8. 干扰及消除

(1)样品中若包含悬浮物、硝酸盐、亚硫酸盐和二氧化硅,可使结果偏高,应预先去除。

(2)铁和铬等能影响硫酸盐的完全沉淀使测定结果偏低,碱金属硫酸盐也会使测定结果偏低,应预先去除。

9. 注意事项

(1) 酸度较大时会使生成的硫酸钡沉淀溶解度增大,因此沉淀时应选择合适的酸度。

(2)本实验方法可测定硫酸盐含量 10 mg/L(以 SO_4^{2-} 计)以上的水样,测定上限为 5000 mg/L。

(3)本实验方法可用于测定地表水、地下水、咸水、生活污水及工业废水中的硫酸盐。

10. 思考题

(1)如果待测定水样有颜色是否影响测定?

(2)沉淀完全后为什么还要进行陈化?

(3)用洗涤液或去离子水洗涤沉淀时,为什么要少量多次?

3.3.2 水中总不可滤残渣(悬浮物)的测定

残渣分为总残渣、总可滤残渣和总不可滤残渣,是表征水中不溶性物质含量的指标。

1. 实验目的

(1)掌握残渣的基本概念和测定方法。

(2)掌握恒重的操作步骤。

2. 实验原理

(1)总残渣。水或废水在一定温度下蒸发、烘干后剩余的物质即为总残渣。总残渣包括总可滤残渣和总不可滤残渣。在称至恒重的蒸发皿中,加入水样,于蒸气浴或水浴上蒸干,放在103~105 ℃烘箱内烘干至恒重,增加的质量即为总残渣量。

(2)总可滤残渣。将用 0.45 μm 滤膜过滤后的水样在恒重的蒸发皿或称量瓶内蒸干,再在一定的温度下烘干至恒重所增加的质量即为总不可滤残渣。一般测定在 103~105 ℃烘箱内烘干的总可滤残渣,有时也在108±2 ℃条件下进行测定。

(3)总不可滤残渣。水样用 0.45 μm 滤膜过滤后,留在滤器上的固体物质,于103~105 ℃烘干至恒重,得到的物质称为总不可滤残渣,也称悬浮物。

将一定体积的水样用定量滤纸过滤后,将截留的固体物放入103~105 ℃烘箱内烘干至恒重并称重,用 mg/L 表示水中悬浮物的含量。

3. 实验仪器和设备

(1) 水浴锅。

(2) 烘箱。

(3) 全玻璃微孔滤膜过滤器。

(4) CN-CA 滤膜,孔径为 0.45 μm,直径 60 mm。

(5) 吸滤瓶、真空泵。

(6) 玻璃干燥器。

(7) 万分之一电子分析天平。

(8) 其他一般实验室常用仪器和设备。

4. 实验步骤

1) 滤膜的恒重

将所用的称量瓶编号(称量瓶盖和瓶体必须一一对应进行编号),用无齿扁嘴镊子夹取滤膜放入称量瓶中(注意滤膜与称量瓶必须一一对应),放入烘箱,打开瓶盖,在 103~105 ℃ 烘干 2 h,取出后盖好瓶盖,放入干燥器中冷却 15~20 min,称重,反复冷却、称重至恒重(两次称量差不大于 0.3 mg 即为恒重)。

2) 滤膜的安放

将恒重的滤膜放在滤膜过滤器的托盘上,加盖配套的漏斗,用夹子固定好。注意漏斗边缘要比滤膜上沿高出 0.5~1 cm。用洗瓶吹出细水流以润湿滤膜,并不断抽滤。

3) 水样的过滤

将去除漂浮物的水样摇匀,用移液管准确量取 100.0 mL 进行抽滤,使水分全部通过滤膜。

4) 悬浮物的恒重

停止抽滤后,取下滤膜,放入原恒重过的称量瓶中,移入 103~105 ℃ 烘箱中,打开瓶盖烘干 1 h,取出后盖好瓶盖,放入干燥器,冷却至室温后称重,反复烘干、冷却、称重直至恒重(前后两次重量差不大于 0.3 mg)。

5. 原始数据记录

实验原始数据记录于表 3-3 中。

表 3-3 重量法测定水中悬浮物记录表   年 月 日

指标	测定次数		
	Ⅰ	Ⅱ	Ⅲ
V/mL			
A/g			
B/g			

注:V 为所取待测水样的体积,mL;A 为悬浮固体+滤膜+称量瓶重量,g;B 为滤膜及称量瓶重量,g。

6.结果计算

$$\mathrm{SS(mg/L)} = \frac{(A-B) \times 1000 \times 1000}{V}$$

式中:SS——悬浮固体(suspended solids),mg/L;

7.干扰及消除

测定水中悬浮物之前,应将树枝、水草等大型漂浮物去除。

8.注意事项

(1)水样中不能加入任何保护剂,以防止破坏物质在固、液相间的分配平衡。

(2)滤膜上的残渣量为50～100 mg 为宜,过少,称量误差较大。过多则会延长烘干时间,还有可能造成抽滤困难。

(3)烘干温度和时间对测定结果有重要的影响,因此实验中应严格控制烘干温度和时间。

(4)采用不同滤料所测得的结果会存在差异,应在分析结果中加以说明。

9.思考题

(1)测定过程中,称量瓶盖和瓶体必须一一对应?注意滤纸与称量瓶必须一一对应放置的目的是什么?

(2)过滤水样时,为什么液面需低于滤纸上边缘5～6 mm?

3.3.3 土壤含水量的测定

1.实验目的

掌握土壤自然含水量的基本概念和测定方法。

2.实验原理

土壤样品在105±2 ℃烘至恒重时的失重,即为土壤样品的自然含水量,简称土壤含水量。

3.实验仪器和设备

(1)电热恒温鼓风干燥箱。

(2)玻璃干燥器。

(3)称量瓶。

(4)万分之一电子分析天平。

(5)其他一般实验室常用仪器和设备。

4.实验步骤

将所用的大称量瓶编号(称量瓶盖和瓶体必须一一对应进行编号),放入烘箱,打开瓶盖,在105±2 ℃烘干2 h,取出后盖好瓶盖,放入干燥器中冷却15～20 min,称重,反复冷却、称重至恒重(两次称量差不大于 0.5 mg 即为恒重)。

将盛有新鲜土样的称量瓶在电子分析天平上称重,将瓶盖打开放在瓶体旁,置于已预热至 105±2 ℃的恒温干燥箱中烘 6~8 h(一般样品烘 6 h,含水较多、质地黏重样品烘 8 h)。取出,盖好,在干燥器中冷却约 30 min 至室温,立即称重,精确至 10 mg。

5. 原始数据记录

实验原始数据记录于表 3-4 中。

表 3-4 重量法测定土壤自然含水量记录表　　　　　年　月　日

指标	测定次数		
	I	II	III
m_0 / mL			
m_1 / g			
m_2 / g			

注:m_0 为烘干后的称量瓶重量,g;m_1 为烘干前称量瓶及土样重量,g;m_2 为烘干后称量瓶及土样重量,g。

6. 计算

$$水分(\%) = \frac{(m_1 - m_2)}{(m_2 - m_0)} \times 100$$

7. 注意事项

(1)严格控制烘干温度为 105±2 ℃,温度过高会导致土壤有机质炭化。

(2)一般土壤烘 6 h 即可烘至恒重。对于含水多,黏性大的土壤需烘 8 h 左右。

3.3.4　空气中总悬浮颗粒物(TSP)和细颗粒物(PM2.5)的测定

空气中的颗粒物分为总悬浮颗粒物(total suspended particles,TSP)、可吸入颗粒物(particulate matter 10,PM10)和细颗粒物(particulate matter 2.5,PM2.5),其是表征大气中不同粒径颗粒物含量的指标。TSP 指空气中动力学直径小于 100 μm 的颗粒物;PM10 是指悬浮在空气中的动力学直径小于 10 μm 的颗粒物;PM2.5 是指空气动力学直径小于 2.5 μm 的颗粒物,也称为可入肺颗粒物。大气中悬浮颗粒物包括总悬浮颗粒物(TSP)、可吸入颗粒物(PM10)和细颗粒物(PM2.5)等。悬浮颗粒物对人体的危害程度主要取决于颗粒的粒度大小及化学组成,慢性呼吸道炎症、肺气肿、肺癌的发病与空气颗粒物的污染程度明显相关。总悬浮颗粒物是大气质量评价中的一个重要的通用污染指标。细颗粒物虽然只是地球大气成分中含量很少的组分,但它对空气质量和大气能见度等有重要的影响。细颗粒物粒径小,富含大量有毒、有害物质且停留时间长、输运距离远,因而对人体健康和大气环境质量的影响更大。

1. 实验目的

(1)了解大气中悬浮颗粒物残渣的基本概念。

(2)掌握重量法测定 TSP 和 PM2.5 的原理和步骤。

2. 实验原理

利用大气采样器以恒速抽取定量体积的空气,空气中粒径小于 100 μm 的悬浮颗粒物,被截留在已恒重的滤膜上。根据采样前、后滤膜重量之差及采气体积,可求出大气中总悬浮颗粒物的质量浓度。

3. 实验仪器和设备

(1)TSP 用中流量采样器:量程(60~125)L/min,经流量校准计装置校准。

(2)PM2.5 切割器、采样系统:切割粒径 $D_{a50}=(2.5\pm0.2)\mu m$;捕集效率的几何标准差为 $\sigma_g=(1.2\pm0.1)\mu m$。

(2)超细玻璃纤维滤膜。

(3)滤膜袋(用于存放滤膜)和镊子(用于夹取滤膜)。

(4)玻璃干燥器。

(5)恒温恒湿箱:箱内空气温度在 15~30 ℃ 范围内可调,控温精度±1 ℃。箱内空气相对湿度应控制在(50±5)%。恒温恒湿箱可连续工作。

(6)万分之一和十万分之一电子分析天平。

(7)气压计。

(8)温度计。

(9)其他一般实验室常用仪器和设备。

4. 实验步骤

1)滤膜的恒重

用镊子轻轻夹住滤膜,对光仔细检查,不得有针孔或任何缺陷。将检查过的合格滤膜放入减掉一半的信封中,放入干燥器中平衡 24 h。取出,称量滤膜,滤膜称量精确到 0.1 mg,记录滤膜的重量。

2)滤膜的安放

采样时,将已称重的滤膜用镊子放入洁净采样夹内的滤网上,滤膜毛糙面应朝进气方向。将滤膜牢固压紧至不漏气。然后将采样夹放入采样头,对正,拧紧。盖好采样头顶盖。设置采样时间,启动仪器进行采样。记录采样期间现场的环境温度和平均气压。如果测定单次浓度,每次需更换滤膜;如测定日平均浓度,样品需采集在一张滤膜上。

采样结束后,将空气采样器采样头顶盖打开,用镊子小心取出滤膜。将有灰尘的一面对折两次,放入滤膜袋,并做好采样记录。取出采样夹,擦拭干净。

3)尘膜的恒重及称量

将尘膜放在恒温恒湿箱中平衡24 h,平衡条件为:温度取15~30 ℃中任何一点,相对湿度控制在45%~55%范围内,记录平衡温度与湿度。在上述平衡条件下,用感量为0.1 mg或0.01 mg的分析天平称量滤膜,记录滤膜重量。同一尘膜在恒温恒湿箱中相同条件下再平衡1 h后称重。对于PM2.5颗粒物样品尘膜,两次重量之差小于0.04 mg为满足恒重要求。尘膜采集后如不能立即称重,可在4 ℃条件下冷藏保存7天。

5. 原始数据记录

实验原始数据记录于表3-5中。

表3-5 重量法测定大气的总悬浮颗粒物(TSP)记录表 　　　　年　月　日

指标	测定次数		
	Ⅰ	Ⅱ	Ⅲ
W_1/ g			
W_0/ g			
V/ m^3			

注:W_1为尘膜重量,g;W_0为空白膜重量,g;V为校正的标准状况下的累积采样体积,m^3。

6. 计算

$$\text{TSP 或 PM2.5}(mg/m^3) = \frac{(W_1 - W_0) \times 1000}{V}$$

7. 注意事项

(1)采样前要对光仔细检查滤膜是否合格。

(2)采样时要注意滤膜安放正确,应"毛面向上"进行安放。

(3)注意空白膜和尘膜的恒重条件应严格一致。

(4)若采样器不能直接显示标准状况下的采样体积,应根据相应公式进行换算。

第 4 章

紫外-可见分光光度法

4.1 分光光度法原理

分光光度法是根据物质对光的选择性吸收而建立的方法。当用一束平行单色光照射均匀、非散射的物质溶液时，物质对光的吸收程度符合朗伯-比尔定律（Lambert - Beer law）。即溶液中吸光物质的吸光度（A）与该物质的浓度（c）及液层厚度（b）成正比：

$$A = \varepsilon bc$$

式中，A——吸光度；

ε——摩尔吸光系数，L/(mol·cm)；

b——样品溶液的厚度，cm；

c——溶液中待测物质的浓度，mol/L。

根据 A 与 c 的线性关系，通过测定标准溶液和样品溶液的浓度，用标准曲线法即可求得样品中待测物质的浓度。

根据入射光波长的不同，光度法分为紫外吸收光谱法（入射光波长为 200～400 nm）和可见分光光度法（入射光波长为 400～780 nm）。

分光光度法广泛应用于无机物和有机物的定性和定量测定，是目前我国环境监测项目上应用最多的一类方法，可用于测定水体中各种不同形态离子的浓度，如大气中的氮氧化物、二氧化硫，以及水和土壤中不同形态的氮、磷等的浓度。

4.2 分光光度计及使用

利用分光光度法进行测定时，所用主要实验装置包括比色管、比色皿、分光光度计。

4.2.1 比色管

比色管（colorimetric tube）是平底圆柱形玻璃管，外型与普通试管相似，但比试管多一条精确的刻度线并配有玻璃塞,管壁比普通试管薄,不能加热(见图4-1)。常见规格有10 mL、25 mL、50 mL三种。紫外分光光度法中一般使用规格为10 mL的比色管,可见分光光度法中多使用规格为50 mL的比色管。在光度法中,比色管主要用于配制标准系列溶液(标准色阶)。使用比色管时应注意以下几点:

(1)比色管不能加热;

(2)使用时要将比色管放在管架上,不能直接放置在实验台面上,且比色管管壁较薄,需轻拿轻放;

(3)同一实验中要使用相同规格的比色管;

(4)清洗比色管时不能用硬毛刷刷洗,以免磨伤管壁影响其透光度。

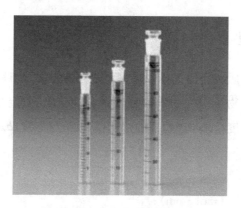

图4-1 比色管

4.2.2 比色皿

比色皿(cuvette)为长方体,其底及两侧为毛玻璃,另两面为光学玻璃制成的透光面(见图4-2)。根据光程(透光面间的距离)不同,常用的比色皿主要有0.5 cm、1 cm、2 cm、3 cm四种规格。比色皿用于盛放待测定溶液。

图4-2 比色皿

1. 比色皿的测试

比色皿一套为四个。在同一次实验中,必须使用光学性质一致的一套比色皿。为保证测定结果的准确性,使用前需对使用的比色皿的光学性质进行测试。比色皿的测试方法如下:

将分光光度计波长选择为实际测定使用的波长,将一套比色皿都注入蒸馏水,依次置于分光光度计试样室中的比色皿架上,将第一个格中的比色皿(参比皿)的吸光光度值调为"0",测量其他各只比色皿的吸光光度值,误差在±0.003吸光度以内的比色皿,即可配套使用。

2. 比色皿的清洗

(1)一般用乙醚和无水乙醇的混合液(各50%)清洗。

(2)对于难以洗净的比色皿,在通风橱中,用盐酸:水:甲醇(1:3:4,体积比)混合溶液泡洗(一般浸泡时间不超过10 min)。然后依次用自来水、去离子水润洗。

(3)不要用洗洁精、铬酸洗液之类的清洁剂进行清洗。

(4)不能用硬布、毛刷刷洗。

3. 比色皿使用注意事项

(1)拿取比色皿时,只能用手指接触两侧的毛玻璃,避免接触光学面。

(2)盛装溶液时,液面高度为比色皿的2/3处即可,光学面的残液可先用滤纸轻轻吸附,然后再用镜头纸或丝绸擦拭。

(3)向光度计的试样室中放入比色皿时,注意应使光学面对准出光口。

(4)凡含有腐蚀玻璃的物质的溶液,不得长期盛放在比色皿中。

(5)不能将比色皿放在火焰或电炉上进行加热或在干燥箱内烘烤。

(6)当发现比色皿里面被污染后,应用无水乙醇清洗,及时擦拭干净。

(7)注意轻拿轻放,防止外力对比色皿的影响(产生应力后使出色皿破损)。

4.2.3 分光光度计

1. 仪器结构

分光光度计的仪器结构及面板功能如图4-3所示。仪器的主要部件包括光源、单色器、比色皿、检测器等。

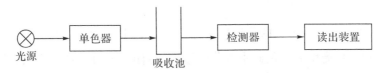

图4-3a 分光光度计结构示意图

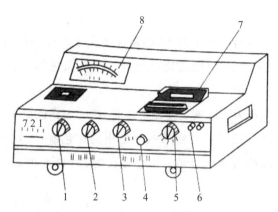

1—波长调节旋钮；2—调"0"电位器；3—光量调节器；4—吸收池座架拉杆；
5—灵敏度选择；6—电源开关；7—试样室盖；8—微安表。

图 4-3b　721 型分光光度计面板功能图

根据入射光波长的不同，分光光度计分为可见分光光度计和紫外分光光度计两种。可见分光光度计主要用于测定无机离子或无机化合物，需要将待测定的无机离子或无机化合物经显色反应转化为有色化合物后再进行测定。紫外分光光度计主要用于测定有机化合物。

(1)光源。光源的作用是提供稳定且强度足够大的连续光。可见分光光度计的光源一般为钨灯或卤钨灯，发生的入射光波长为 400~1000 nm。紫外分光光度计一般以氢灯或氘灯为光源。

(2)单色器。单色器也称分光系统，其作用是将光源发出的光分解为单色光。单色器有棱镜和光栅两种(721 型分光光度计以棱镜为单色器，722 型分光光度计以光栅为单色器)，现代分光光度计基本上采用光栅为分光元件。

(3)比色皿。比色皿也称吸收池、样品池，用于盛放待测溶液。比色皿用光学玻璃或石英制成。可见分光光度法中一般用玻璃比色皿，紫外分光光度法中须使用石英比色皿。

(4)检测器。检测器将接收到的光信号转换为电信号，经放大和对数转换后，以数字的形式显示吸光度值(A)。

常用的分光光度计型号有 721 型单光束分光光度计、722 型单光束光栅分光光度计、UV-2450 型双光束紫外-可见分光光度计等。

2.分析流程

在利用分光光度计进行样品的分析测定时，基本流程是：光源发出的光经单色器分解后获得单色光，利用单色光照射比色皿中的待测溶液，待测溶液对光产生吸收，其吸收程度的大小被检测器检测，并将接收到的光信号转换为电信号同时放大，最后显示待测溶液的吸光度值(A)。

3.操作步骤

(1)打开电源开关,打开试样室盖,预热20 min。

(2)调节波长调节旋钮至测量波长。

(3)待仪器稳定后,选择(A/T)于"T"挡,按"0%T"钮使仪器显示"0.000"。

(4)将参比溶液和待测溶液分别装入光学性质相同的比色皿中,依次置于样品室中的比色皿架上。一般将盛放参比溶液的比色皿放在第一格内。

(5)盖上样品室盖,推入吸收池座架拉杆,使参比溶液位于光路中,选择(A/T)于"A"挡,按"吸光零"按钮,使参比溶液的吸光度值为"0"。重复打开并合上试样室盖,反复调节光量调节旋钮,直至稳定不变。

(6)轻轻拉动吸收池座架拉杆,使盛有待测溶液的比色皿进入光路,在表盘上直接读出该溶液的吸光度值。

(7)将参比溶液比色皿再次推入光路,检查参比溶液的吸光度零值,然后将样品溶液的比色皿推入光路,重复测定一次。

(8)测量完毕后,关闭仪器电源。打开试样室盖,取出比色皿,洗净擦干。待仪器冷却后,盖上试样室盖,罩上仪器罩。

4.3 分光光度法实验

4.3.1 可见分光光度法测定水中微量铁

铁及其化合物均为低毒性和微毒性,含铁量高的水往往呈黄色,有铁腥味,对水的外观有影响。我国有些城市饮用水用铁盐进行净化,若不能沉淀完全,会影响水的色度和味感。铁含量较高的水如果作为印染、纺织、造纸等工业用水时,则会在产品上形成黄斑,影响产品质量,因此这些工业用水的铁含量必须在0.1 mg/L以下。水中铁的污染源主要是选矿、冶炼、炼铁、机械加工、工业电镀、酸洗废水等。

1.实验目的

(1)了解分光光度计的构造和使用方法。

(2)学习标准曲线的绘制。

(3)掌握邻菲啰啉分光光度法测定铁的原理和方法。

2.实验原理

邻菲罗啉(也称邻二氮菲)是测定微量铁的较好试剂。pH为2~9的溶液中,试剂与Fe^{2+}生成稳定的橘红色配合物,反应式如下:

$$Fe^{2+} + 3\,\text{邻菲罗啉} \longrightarrow [\text{橘红色配合物}]^{2+}\ (Fe)$$

该配合物的最大吸收峰在 510 nm 处，摩尔吸光系数为 1.1×10^4 L/(mol·cm)。试样中的 Fe^{3+} 需用盐酸羟胺（$NH_2OH·HCl$）还原为 Fe^{2+}，才能显色测定，反应式如下：

$$2Fe^{3+} + 2NH_2OH·HCl = 2Fe^{2+} + N_2\uparrow + 2H_2O + 4H^+ + 2Cl^-$$

3. 实验仪器和设备

(1) 万分之一电子分析天平。

(2) 721 型分光光度计（或 722 型分光光度计）。

(3) 50 mL 比色管。

(4) 1 cm 比色皿。

(5) 其他一般实验室常用仪器和设备。

4. 试剂

(1) 100 μg/mL 铁标准贮备液：称取 0.7020 g 硫酸亚铁铵 $[(NH_4)_2Fe(SO_4)_2·6H_2O]$，溶于 20 mL(1+1) 盐酸中，转移至 1000 mL 容量瓶中，加蒸馏水至标线，摇匀。此溶液每毫升含 100 μg 铁。

(2) 25 μg/mL 铁标准使用液：准确移取 25.00 mL 铁标准贮备液，置于 100 mL 容量瓶中，加蒸馏水至标线，摇匀。此溶液每毫升含 25.0 μg 铁。

(3) 0.5% 邻菲罗啉水溶液，加数滴盐酸帮助溶解，贮于棕色瓶内，避光保存，溶液颜色变暗时即不能使用。

(4) 10% 盐酸羟胺溶液：称取 10 g 盐酸羟胺，溶于蒸馏水中并稀释至 100 mL。

(5) (1+1) 盐酸溶液。

(6) (1+3) 盐酸溶液。

(7) 醋酸缓冲溶液（pH=4.6）：68 g 乙酸钠（或 112.8 g 三水乙酸钠）溶于约 500 mL 蒸馏水中，加入 29 mL 冰醋酸，用蒸馏水稀释至 1000 mL。

(8) 0.1 mol/L、1.0 mol/L 氢氧化钠溶液，各 100 mL。

5. 实验步骤

1) 标准曲线的绘制

取 50 mL 具塞比色管 7 个，分别加入 25.0 μg/mL 的铁标准使用溶液 0.00 mL、1.00 mL、

2.00 mL、4.00 mL、6.00 mL、8.00 mL、10.00 mL，加 20 mL 蒸馏水，再加(1+3)盐酸溶液 1 mL，10%盐酸羟胺溶液 1 mL，摇匀(上下颠倒比色管)，经 2 min 后，加一小片刚果红试纸，滴加 0.1 mol/L 氢氧化钠溶液或 1.0 mol/L 氢氧化钠溶液至试纸刚刚变红，再各加 5 mL 醋酸缓冲溶液、2 mL 邻菲罗啉，加蒸馏水至 50 mL 刻度线，摇匀。显色 15 min 后，用 10 mm 比色皿，以水为参比，在 510 nm 处测量吸光度，由经过空白校正的吸光度-铁含量绘制校准曲线。

2)总铁的测定(与标准曲线同时进行)

分别取 25.0 mL 混匀水样(代替标准溶液)置于 50 mL 具塞比色管(3 个)中，分别加入 (1+3)盐酸溶液和盐酸羟胺溶液各 1 mL，摇匀。以下按绘制校准曲线同样操作，测量吸光度并做空白校正。由混合水样的吸光度在标准曲线上查出 25 mL 混合水样中的铁含量，以 μg 表示，并计算出混合水样中的铁的浓度，以 mg/L 表示结果。

6. 原始数据记录

实验原始数据记录于表 4-1、表 4-2 中。

表 4-1 标准曲线的绘制记录表　　　　　　　　年　月　日

指标	Fe 标准溶液体积/mL						
	0.00	1.00	2.00	4.00	6.00	8.00	10.0
吸光度(A)							

表 4-2 水样的测定记录表　　　　　　　　年　月　日

指标	测定次数		
	Ⅰ	Ⅱ	Ⅲ
吸光度(A)			

7. 结果计算

根据标准曲线，由待测水样的吸光度在标准曲线上查出 25.0 mL 混合水样中的铁离子含量，以 μg 表示，并计算出混合水样中的铁离子的浓度，以 mg/L 表示结果。

$$c(Fe^{2+}, mg/L) = \frac{m}{V}$$

式中：m——由水样的校正吸光度，从标准曲线上查得的铁含量，μg；

V——水样体积，mL。

8. 干扰及消除

(1)本方法的选择性很强，相当于铁含量 40 倍的 Sn^{2+}、Al^{3+}、Ca^{2+}、Mg^{2+}、Zn^{2+}、SiO_3^{2-}；20 倍的 Cr^{3+}、Mn^{2+}、V^{5+}、PO_4^{3-}；5 倍的 Co^{2+}、Cu^{2+} 等均不干扰测定。

(2)强氧化剂、氰化物、亚硝酸盐、磷酸盐及某些重金属离子干扰测定。经过加酸煮沸可将氰化物及亚硝酸盐去除,并使焦磷酸等转化为正磷酸盐以减轻干扰。加入盐酸羟胺则可消除强氧化剂的影响。

9. 注意事项

(1)显色时,加入还原剂、缓冲溶液、显色剂的顺序不能颠倒。

(2)绘制标准曲线时,向比色管中加入铁标准溶液时必须准确加入。

10. 思考题

(1)本实验中盐酸羟胺的作用是什么?

(2)制作标准曲线时,加入试剂的顺序能否任意改变?为什么?

(3)什么是参比溶液?参比溶液的作用是什么?本实验中如何选择参比溶液?

4.3.2 可见分光光度法测定水中 F^-

氟(F^-)是人体必需的微量元素之一,缺氟易患龋齿病,饮用水中氟的适宜浓度为 0.5~1.0 mg/L。当长期饮用含氟量高于 1~1.5 mg/L 的水时,则易患斑齿病。若水中含氟量高于 4 mg/L 时,则可导致氟骨病。

氟化物广泛存在于天然水体中。有色冶金、钢铁和铝加工、焦炭、玻璃、陶瓷、电子、电镀、化肥、农药厂的废水及含氟矿物的废水中都存在氟化物。

1. 实验目的

(1)了解分光光度计的构造和使用方法。

(2)学习标准曲线的绘制方法。

(3)掌握分光光度法测定氟离子的原理和方法。

2. 实验原理

氟离子在 pH=4.1 的乙酸盐缓冲介质中,与氟试剂和硝酸镧反应,生成蓝色三元络合物,颜色强度与氟离子浓度成正比,可在 620 nm 波长处定量测定氟化物(F^-)。

氟试剂法可以测定 0.05~1.8 mg/L 的 F^-。

3. 实验仪器和设备

(1)万分之一电子分析天平。

(2)1000 mL 容量瓶。

(3)721 型分光光度计(或 722 型分光光度计)。

(4)50 mL 比色管。

(5)3 cm 比色皿。

(6)其他一般实验室常用仪器和设备。

4. 试剂

(1) 丙酮(C_2H_6CO)。

(2) 100 μg/mL 氟标准贮备液：称取 0.2210 g 基准氟化钠(NaF)(预先于 105～110 ℃干燥 2 h)，用水溶解后转移至 1000 mL 容量瓶中，加蒸馏水至标线，摇匀。马上转入干燥洁净的聚乙烯瓶中贮存。此溶液每毫升含 100 μg 氟离子。

(3) 4.00 μg/mL 氟标准使用液：准确移取 20.00 mL 氟标准贮备液，置 500 mL 容量瓶中，加蒸馏水至标线，摇匀。此溶液每毫升含 4.0 μg 氟离子。

(4) 0.001 mol/L 氟试剂溶液：称取 0.1930 g 氟试剂(3-甲基胺-茜素-二乙酸，简称 ALC)，加 5 mL 去离子水润湿，滴加 1 mol/L 氢氧化钠溶液使其溶解，再加 0.125 g 乙酸钠($CH_3COONa \cdot 3H_2O$)，用 1 mol/L 盐酸溶液调节 pH 值至 5.0，用去离子水稀释至 500 mL，贮存于棕色瓶中。

(5) 0.001 mol/L 硝酸镧溶液：称取 0.433 g 硝酸镧($La(NO_3)_3 \cdot 6H_2O$)，用少量 1 mol/L 盐酸帮助溶解，以 1 mol/L 乙酸钠溶液调节 pH 值为 4.1，用去离子水稀释至 1000 mL。

(6) 醋酸缓冲溶液(pH=4.1)：称取 35 g 无水乙酸钠(CH_3COONa)溶于约 800 mL 去离子水中，加入 75 mL 冰醋酸，用蒸馏水稀释至 1000 mL，用乙酸或氢氧化钠溶液在 pH 计上调节 pH 值为 4.1。

(7) 混合显色剂：取氟试剂溶液、缓冲溶液、丙酮及硝酸镧溶液按体积比为 3:1:3:3 混合即得，临用时配制。

(8) 1 mol/L 盐酸溶液：量取 8.4 mL 浓盐酸用水稀释至 100 mL。

(9) 1.0 mol/L 氢氧化钠溶液：称取 4 g 氢氧化钠溶于水中，稀释至 100 mL。

5. 实验步骤

1) 标准曲线的绘制

取 50 mL 具塞比色管 6 个，分别加入 4.00 μg/mL 的氟标准使用液 0.00 mL、1.00 mL、2.00 mL、4.00 mL、6.00 mL、8.00 mL，加去离子水稀释至 25 mL，准确加入 20.00 mL 混合显色剂，用去离子水稀释至标线，摇匀。放置 30 min 后，用 30 mm 比色皿，以水为参比，在 620 nm 处，以空白试剂为参比，测定吸光度，绘制吸光度-氟离子含量标准曲线。

2) 样品的测定（与标准曲线的绘制同时进行）

取 25.0 mL 混匀水样置于 50 mL 具塞比色管中，准确加入 20.0 mL 混合显色剂，用去离子水稀释至标线，摇匀。放置 30 min 后，用 30 mm 比色皿，以水为参比，在 620 nm 处，以空白试剂为参比，测定吸光度。每个样品进行 3 次平行测定。

3) 计算

根据标准曲线，由待测水样的吸光度在标准曲线上查出 25.0 mL 混合水样中的氟离子含量，以 μg 表示，并计算出混合水样中的氟离子的浓度，以 mg/L 表示结果。

6. 原始数据记录

实验原始数据记录于表 4-3、表 4-4 中。

表 4-3 标准曲线的绘制记录表　　　　　　　　年　月　日

指标	氟标准溶液体积/mL					
	0.00	1.00	2.00	4.00	6.00	8.00
吸光度(A)						

表 4-4 水样的测定记录表　　　　　　　　年　月　日

指标	测定次数		
	Ⅰ	Ⅱ	Ⅲ
吸光度(A)			

7. 结果计算

$$c(F^-, \text{mg/L}) = \frac{m}{V}$$

式中：m——由水样的吸光度,从标准曲线上查得的氟离子含量,μg;

V——水样体积,mL。

8. 干扰及消除

本方法的选择性很强,相当于氟含量 20 倍的 PO_4^{3-}、SiO_3^{2-},2 倍的 Cu^{2+}、Mn^{2+}、Pb^{2+} 等均不干扰测定。

9. 注意事项

若水样呈强酸性或强碱性,应在测定前用 1 mol/L 氢氧化钠或 1 mol/L 盐酸溶液调节至中性。

10. 思考题

为什么要在聚乙烯瓶中保存氟化物标准溶液?

4.3.3　二苯碳酰二肼分光光度法测定水中六价铬

铬(Cr)的化合物常见的价态有三价和六价。在水体中,六价铬一般以 CrO_4^{2-}、$Cr_2O_7^{2-}$、$HCrO_4^-$ 三种阴离子形式存在,受水中 pH、有机物、氧化还原物质、温度及硬度等条件影响,三价铬和六价铬的化合物可以互相转化。

铬是生物体所必需的微量元素之一。铬的毒性与其存在价态有关,六价铬的毒性比三价铬高 100 倍,六价铬更易被人体吸收而且在体内蓄积,导致肝癌。因此我国已把六价铬规定为实施总量控制的指标之一。当水中六价铬浓度为 1 mg/L 时,水呈淡黄色并有涩味;三价铬浓度为 1 mg/L 时,水的浊度明显增加,三价铬化合物对鱼的毒性比六价铬大。

铬的污染来源主要是含铬矿石的加工、金属表面处理、皮革鞣制、印染等行业。

1. 实验目的

掌握二苯碳酰二肼分光光度法测定铬离子的原理和方法。

2. 实验原理

在酸性溶液中,六价铬可与二苯碳酰二肼反应,生成紫红色配合物,其最大吸收波长为 540 nm,摩尔吸光系数为 4×10^4 L/(mol·cm)。

3. 实验仪器和设备

(1)万分之一电子分析天平。

(2)1000 mL 容量瓶。

(3)721 型分光光度计(或 722 型分光光度计)。

(4)50 mL 比色管。

(5)10 mm、30 mm 比色皿。

(6)其他一般实验室常用仪器和设备。

4. 试剂

(1)丙酮。

(2)二苯碳酰二肼溶液:称取二苯碳酰二肼($C_{13}H_{14}N_4O$)0.2 g,溶于 50 mL 丙酮中,加蒸馏水稀释至 100 mL,摇匀,贮于棕色瓶中,置冰箱中保存。颜色变深后不能使用。

(3)100.0 μg/mL 铬标准贮备液:称取于 120 ℃ 干燥 2 h 并冷却至室温的重铬酸钾($K_2Cr_2O_7$,优级纯)0.2829 g,用蒸馏水溶解后,移入 1000 mL 容量瓶中,用蒸馏水稀释至标线,摇匀。此溶液每毫升含有 100 μg 六价铬。

(4)1.00 μg/mL 铬标准使用液:吸取铬标准贮备液 5.0 mL,准确稀释到 500 mL,此溶液每毫升含有 1.0 μg 六价铬。临用前稀释。

(5)(1+1)硫酸溶液:将硫酸($\rho=1.84$ g/mL)缓缓加入到同体积水中,混匀。

(6)(1+1)磷酸溶液:将磷酸($\rho=1.69$ g/mL)与等体积水混合。

5. 实验步骤

1)标准曲线的绘制

取 8 支 50 mL 比色管,分别加入 1.00 μg/mL 铬标准使用液 0.00 mL、0.50 mL、1.00 mL、2.00 mL、4.00 mL、6.00 mL、8.00 mL 和 10.00 mL,加蒸馏水至 40 mL 左右,加入(1+1)硫酸溶液 0.5 mL 和(1+1)磷酸溶液 0.5 mL,摇匀。加二苯碳酰二肼显色剂 2.0 mL,摇匀。放置 5~10 min 后,于 540 nm 波长处,用 10 mm 或 30 mm 比色皿,以水做参比测定吸光度,并做空白校正,并绘制吸光度-六价铬含量校准曲线。

2)水样的测定(与标准曲线的绘制同时进行)

取 10.0 mL 无色透明的待测水样,置 50 mL 比色管中,用蒸馏水稀释至 40 mL 左右,然后按照和标准曲线相同的实验步骤操作。从标准曲线上查得六价铬含量。

3)计算

根据标准曲线,由待测水样的吸光度在标准曲线上查出 10.0 mL 水样中的铬离子含量,以 μg 表示,并计算出混合水样中的铬离子的浓度,以 mg/L 表示结果。

6. 原始数据记录

实验原始数据记录于表 4-5、表 4-6 中。

表 4-5 标准曲线的绘制记录表　　　　　　　　　　年　月　日

指标	铬标准溶液体积/mL						
	0.00	0.50	1.00	2.00	4.00	6.00	8.00	10.00
吸光度(A)								

表 4-6 水样的测定记录表　　　　　　　　　　年　月　日

指标	测定次数		
	Ⅰ	Ⅱ	Ⅲ
吸光度(A)			

7. 结果计算

$$c(Cr^{6+}, \text{mg/L}) = \frac{m}{V}$$

式中,m——从标准曲线上查得的六价铬含量,μg;

V——水样体积,mL。

8. 干扰及消除

(1)含铁量大于 1 mg/L 的水样显黄色,六价钼和汞也和显色剂反应生成有色化合物,但在本方法的显色酸度下反应不灵敏。

(2)钒含量高于 4 mg/L 时干扰测定,但钒与显色剂反应后 10 min,可自行褪色。

(3)氧化性及还原性物质,如 ClO^-、Fe^{2+}、SO_3^{2-}、$S_2O_3^{2-}$ 等,以及水样有色或浑浊时,对测定有干扰,需进行预处理。

9. 注意事项

(1)本实验中所有仪器不能用铬酸洗液清洗,可用合成洗涤剂洗涤后再用浓硝酸洗涤,然后依次用自来水、蒸馏水淋洗干净。

(2)当水样中六价铬含量较高,标准使用液六价铬的浓度应为 5.00 μg/mL,同时显色剂的浓度也要相应增加 5 倍,即 1 g 二苯碳酰二肼溶于 50 mL 丙酮中;使用 10 mm 规格比色皿进行实验。

10. 思考题

(1)什么叫空白溶液？空白溶液在实验中有何作用？

(2)本实验中各试剂的配制和加入，哪些必须很准确(用移液管、容量瓶量取)？哪些不必很准确(用量筒量取)？为什么？

(3)本实验中，所用仪器为什么不能用重铬酸钾洗液洗涤？

4.3.4 可见分光光度法测定水中氨氮

氨氮(NH_3-N)是指水中以游离氨(NH_3)或铵盐(NH_4^+)形式存在的氮。两者的组成比例取决于水的pH和水温。当pH值较高时，游离氨的比例较高，反之，则铵盐比例高。水温影响则相反。

自然地表水体和地下水体中主要以硝酸盐氮(NO_3^-)为主，水中氨氮的主要来源为生活污水中含氮有机物受微生物作用的分解产物。某些工业废水，如焦化厂和合成氨化肥厂废水，以及农田排水中也含有氨氮。

氨氮是水体中的营养元素，可导致水体富营养化现象发生，是水体中的主要耗氧污染物，对鱼类及某些水生生物有毒害作用。

1. 实验目的

掌握纳氏试剂分光光度法测定氨氮的原理和方法。

2. 实验原理

碘化汞和碘化钾的碱性溶液与氨反应生成淡红棕色胶态化合物，其色度与氨氮含量成正比，通常可在波长410～425 nm范围内测其吸光度，计算氨氮含量。

本方法的最低检出浓度为0.025 mg/L(光度法)，测定上限为2 mg/L，做适当的预处理后，可用于地面水、地下水、工业废水和生活污水中氨氮的测定。

3. 实验仪器和设备

(1)万分之一电子分析天平。

(2)1000 mL容量瓶。

(3)721型分光光度计(或722型分光光度计)。

(4)50 mL比色管。

(5)10 mm、30 mm比色皿。

(6)pH计。

(7)其他一般实验室常用仪器和试剂。

4. 试剂

(1)纳氏试剂：称取16 g氢氧化钠，溶于50 mL水中，充分冷却至室温，另称取7 g碘化钾和10 g碘化汞溶于水,然后将此溶液边搅拌边徐徐注入氢氧化钠溶液中,用水稀释至100 mL,贮存于聚乙烯瓶中,密封保存。

(2)酒石酸钾钠溶液:称取50 g酒石酸钾钠($KNaC_4H_4O_6 \cdot 4H_2O$)溶于100 mL水中,加热煮沸以去除氨,放冷,定容至100 mL。

(3)1000.0 mg/L铵标准贮备溶液:称取3.819 g经100 ℃干燥过的优级纯氯化铵(NH_4Cl)溶于水中,移入1000 mL容量瓶中,稀释至标线。此溶液每毫升含1.00 mg氨氮。

(4)10.0 mg/L铵标准使用溶液:移取5.00 mL铵标准贮备液于500 mL容量瓶中,用水稀释至标线。此溶液每升含10 mg氨氮。

5. 实验步骤

1)标准曲线的绘制

吸取0 mL、0.50 mL、1.00 mL、3.00 mL、5.00 mL、7.00 mL和10.00 mL铵标准使用液分别于50 mL比色管中,加水至标线,加1.0 mL酒石酸钾钠溶液,混匀。加1.5 mL纳氏试剂,混匀。放置10 min后,在波长420 nm处,用光程20 mm比色皿,以水为参比,测定吸光度。

由测得的吸光度,减去零浓度空白管的吸光度后,得到校正吸光度,绘制以氨氮含量(mg)对校正吸光度的标准曲线。

2)水样的测定(与标准曲线的绘制同时进行)

分取25.0 mL待测定水样加入50 mL比色管中,稀释至标线,加1.5 mL纳氏试剂,混匀。放置10 min后,同标准曲线步骤测量吸光度。

3)计算

根据标准曲线,由待测水样的吸光度在标准曲线上查出水样中的氨氮离子含量,以mg表示,并计算出水样中的氨氮浓度,以mg/L表示结果。

6. 原始数据记录

实验原始数据记录于表4-7、表4-8中。

表4-7 铵标准曲线的绘制记录表　　　　　　　　　　　年　月　日

指标	铵标准溶液体积/mL						
	0.00	0.50	1.00	3.00	5.00	7.00	10.00
吸光度(A)							

表4-8 水样的测定记录表　　　　　　　　　　　年　月　日

指标	测定次数		
	Ⅰ	Ⅱ	Ⅲ
吸光度(A)			

7. 结果计算

$$c(氨氮, \mathrm{mg/L}) = \frac{m}{V} \times 1000$$

式中，m——从标准曲线上查得的氨氮含量，mg；

V——水样体积，mL。

8. 干扰及消除

(1)脂肪胺、芳香胺、醛类、丙酮、醇类和有机氯胺等有机化合物，以及铁、锰、镁和硫等无机离子，因产生异色或浑浊而引起干扰，水中颜色和浑浊亦影响比色。为此，需经絮凝沉淀过滤或蒸馏处理。

(2)易挥发的还原性干扰物质，可在酸性条件下加热去除。

(3)金属离子的干扰，可加掩蔽剂消除。

9. 注意事项

(1)纳氏试剂中碘化汞与碘化钾的比例，对显色反应的灵敏度有较大影响，静置后生成的沉淀应去除。

(2)滤纸中常含痕量铵盐，使用时注意用无氨水洗涤。所有玻璃仪器应避免实验室空气中的沾污。

10. 思考题

(1)纳氏试剂中含有重金属离子汞，实验结束时，应如何处置实验废液？

(2)以 410 nm 为测定波长进行测定，结果如何？

4.3.5 钼酸铵分光光度法测定水中总磷

水中磷可以元素磷、正磷酸盐、缩合磷酸盐、焦磷酸盐、偏磷酸盐和与有机基团结合的磷酸盐等形式存在。其主要来源为生活污水、化肥、有机磷农药及近代洗涤剂所用的磷酸盐增洁剂等。磷酸盐会干扰水厂中的混凝过程。水体中的磷是藻类生长需要的一种关键元素，过量磷是造成水体污秽异臭，使湖泊发生富营养化和海湾出现赤潮的主要原因。

1. 实验目的

掌握分光光度法测定总磷的原理和方法。

2. 实验原理

在中性条件下用过硫酸钾使试样消解，将所含磷全部氧化为正磷酸盐。在酸性条件下，正磷酸盐与钼酸铵、酒石酸锑氧钾反应，生成磷钼杂多酸后，被抗坏血酸还原，生成蓝色配合物，通常称为磷钼蓝。测定波长为 700 nm。

本方法的检测下限为 0.01 mg/L；检测上限为 0.6 mg/L。

3. 实验仪器和设备

(1)0.1 mg 电子分析天平。

(2)1000 mL 容量瓶。

(3)可见分光光度计。

(4)50 mL 具塞玻璃磨口比色管。

(5)10 mm 或 30 mm 玻璃比色皿。

(6)压力蒸汽消毒器。

(7)其他一般实验室常用仪器和设备。

4. 试剂

(1)(1+1)硫酸。

(2)5% 过硫酸钾溶液:称取 5 g 过硫酸钾($K_2S_2O_8$),溶于水中,稀释至 100 mL。

(3)10% 抗坏血酸溶液:溶解 10 g 抗坏血酸($C_6H_8O_6$)于水中,并稀释至 100 mL。此溶液贮于棕色的试剂瓶中,在 4 ℃可稳定几周。如颜色变黄,则弃去重配。

(4)钼酸铵溶液:溶解 13 g 钼酸铵((NH_4)$_6Mo_7O_{24}$·$4H_2O$)于 100 mL 水中;溶解 0.35 g 酒石酸锑钾($K(SbO)C_4H_4O_6$·$1/2H_2O$)于 100 mL 水中;在不断搅拌下把钼酸铵溶液徐徐加到 300 mL(1+1)硫酸中,加酒石酸锑钾溶液并且混合均匀。此溶液贮存于棕色试剂瓶中,放在约 4 ℃处可保存两个月。

(5)50 mg/L 磷酸盐贮备液:称取 0.2197 g 经 110 ℃烘干 2 h 的优级纯磷酸钾(KH_2PO_4)溶于水中,移入 1000 mL 容量瓶中,加 5 mL(1+1)硫酸,用水稀释至标线。此溶液每毫升含 50.0 μg 磷。

(6)2 mg/L 磷酸盐标准使用液:吸取 10.0 mL 磷酸盐贮备液于 250 mL 容量瓶中,用水稀释至标线并混匀。此标准使用液每毫升含 2.00 μg 磷,使用当天配制。

5. 实验步骤

1)过硫酸钾的消解

(1)吸取 25.0 mL 混匀水样(含磷量不超过 30 μg)于 50 mL 具塞玻璃磨口比色管中,加 4 mL 过硫酸钾,将具塞刻度管的盖塞紧后,用一小块布和线将玻璃塞扎紧(或用其他方法固定),放在大烧杯中置于高压蒸气消毒器中加热,待锅内压力达 1.1 kg/cm²(相应温度为 120 ℃时),保持此压力 30 min 后,停止加热。待压力表读数降至零后,取出放冷(如溶液浑浊,则用滤纸过滤),用水稀释至标线。

(2)空白试剂和标准使用液系列也经同样的操作消解。

2)标准曲线的绘制

(1)分别吸取 0 mL、0.50 mL、1.00 mL、3.00 mL、5.00 mL、10.00 mL 和 15.00 mL 磷酸盐标准使用液分别于 50 mL 比色管中,加水稀释至 50 mL 标线。

(2)向比色管中加入 1 mL 10% 抗坏血酸,混匀。30 s 后加入 2 mL 钼酸盐溶液充分混匀,放置 15 min。

(3)用 10 mm 或 30 mm 玻璃比色皿,在 700 nm 波长处,以空白溶液为参比,测定各吸光度。

(4)由测得的吸光度为纵坐标,以总磷质量为横坐标,绘制标准曲线。

3)样品的测定(与标准曲线的绘制同时进行)

移取 10.0 mL 待测定水样,加入 50 mL 比色管中,用水稀释至标线。以下按 1)中(2)~(3)的步骤测定样品的吸光度。

4)计算

根据标准曲线,由待测水样的吸光度在标准曲线上查出水样中的总磷含量,以 μg 表示,并根据公式计算出水样中的总磷浓度,以 mg/L 表示结果。

6. 原始数据记录

实验原始数据记录于表 4-9、表 4-10 中。

表 4-9 标准曲线的绘制记录表   年 月 日

指标	磷酸盐标准溶液体积/mL						
	0.00	0.50	1.00	3.00	5.00	10.00	15.00
吸光度(A)							

表 4-10 水样的测定记录表   年 月 日

指标	次数		
	Ⅰ	Ⅱ	Ⅲ
吸光度(A)			

7. 结果计算

$$c(总磷, mg/L) = \frac{m}{V}$$

式中:m——从标准曲线上查得的磷含量,μg;

   V——水样体积,mL。

8. 干扰及消除

(1)六价铬浓度大于 50 mg/L 时有干扰,用亚硫酸钠去除。砷浓度大于 2 mg/L 时有干扰,可用硫代硫酸钠去除。硫化物浓度大于 2 mg/L 时有干扰,在酸性条件下通氮气可出去。

(2)亚硝酸盐浓度大于 1 mg/L 时有干扰,用氧化消解或加氨磺酸去除。

(3)铁浓度为 20 mg/L,使结果偏低 5%。

9. 注意事项

(1)室温低于 13 ℃时,可在 20~30 ℃水浴中显色 15 min。

(2)实验所用的玻璃器皿可用(1+5)盐酸浸泡 2 h,或用不含磷酸盐的洗涤剂刷洗。

(3)比色皿使用后以稀硝酸或铬酸洗液浸泡片刻,以去除吸附的钼蓝有色物。

10. 思考题

(1)过硫酸钾消解的目的是什么?

(2)如需测定水样中的可溶性正磷酸盐,应如何进行测定?

4.3.6 分光光度法测定水中叶绿素 a

1. 实验目

叶绿素(chlorophyll)是植物光合作用中的重要光合色素,可分为 a、b、c、d 四类。叶绿素不溶于水,而溶于有机溶剂,如乙醇、丙酮、乙醚、氯仿等;叶绿素很不稳定,光、酸、碱、氧、氧化剂等都会使其分解;叶绿素 a 分子式为 $C_{55}H_{72}O_5N_4Mg$,酸性条件下,叶绿素 a 分子很容易失去卟啉环中的镁成为脱镁叶绿素;叶绿素 a 存在于所有的浮游植物中,大约占有机干重的 1%~2%。叶绿素 a 本身对环境没有危害,但它是估算浮游植物生物量的重要指标,可以通过测定水中浮游植物叶绿素 a 的含量,掌握水体的初级生产力情况和富营养化水平。在环境监测中,叶绿素 a 含量是评价水体富营养化的指标之一。水体出现富营养化现象时,由于浮游生物大量繁殖,往往使水体呈现蓝色、红色、棕色、乳白色等,这种现象在江河湖泊中叫作水华。

水体富营养化的危害主要表现在三个方面。①富营养化造成水的透明度降低,阳光难以穿透水层,从而影响水中植物的光合作用和氧气的释放,同时浮游生物的大量繁殖,消耗了水中大量的氧,使水中溶解氧严重不足,而水面植物的光合作用,则可能造成局部溶解氧的过饱和,溶解氧过饱和及水中溶解氧少,都对水生动物(主要是鱼类)有害,造成鱼类大量死亡。②富营养化水体底层堆积的有机物质在厌氧条件下分解产生的有害气体,以及一些浮游生物产生的生物毒素也会伤害水生动物;富营养化水中含有亚硝酸盐和硝酸盐,人畜长期饮用这些物质含量超过一定标准的水,会中毒致病;等等。③水体富营养化,常导致水生生态系统紊乱,水生生物种类减少,多样性受到破坏。水体富营养化可以通过跟踪监测水中叶绿素的含量来发现,其中叶绿素 a 是所有叶绿素中含量最高的,因此叶绿素 a 的测定能示踪水体的富营养化程度。

本实验可达到的目的有:

(1)了解水中叶绿素的分布及性质;

(2)掌握测定水中叶绿素 a 含量的原理和方法。

2. 实验原理

将一定量样品用滤膜过滤截留藻类,研磨破碎藻类细胞,用丙酮溶液提取叶绿素,离心分离后分别于 750 nm、664 nm、647 nm 和 630 nm 波长处测定提取液吸光度,根据公式计算水中叶绿素 a 的浓度。

3. 实验仪器和设备

(1)采样瓶:1 L 或 500 mL 具磨口塞的棕色玻璃瓶。

(2)过滤装置:配真空泵和玻璃砂芯过滤装置。

(3)研磨装置:玻璃研钵或其他组织研磨器。

(4)离心机:相对离心力可达到 $1000\times g$(转速 3000~4000 r/min)。

(5)玻璃刻度离心管:15 mL,旋盖材质不与丙酮反应。

(6)可见分光光度计:配 10 mm 石英比色皿。

(7)针式滤器:0.45 μm 聚四氟乙烯有机相针式滤器。

(8)其他一般实验室常用仪器和设备。

4. 试剂

除非另有说明,分析时均使用符合国家标准的分析纯试剂,实验用水为新制备的去离子水或蒸馏水。

(1)丙酮(CH_3COCH_3)。

(2)碳酸镁($MgCO_3$)。

(3)(9+1)丙酮溶液:在 900 mL 丙酮中加入 100 mL 实验用水。

(4)碳酸镁悬浊液:称取 1.0 g 碳酸镁,加入 100 mL 实验用水,搅拌成悬浊液(使用前充分摇匀)。

(5)玻璃纤维滤膜:直径 47 mm,孔径为 0.45 μm~0.7 μm。

5. 实验步骤

1)样品采集与处理

确定具体采样点的位置后,用 GPS 同步定位采样点的位置。

样品的采集一般使用有机玻璃采水器或其他适当的采样器采集水面下 0.5 m 的样品,湖泊、水库根据需要可进行分层采样或混合采样,采样体积为 1 L 或 500 mL。如果样品中含沉降性固体(如泥沙等),应将样品摇匀后倒入 2 L 量筒,避光静置 30 min,取水面下 5 cm 的样品,转移至采样瓶。在每升样品中加入 1 mL 碳酸镁悬浊液,以防止酸化引起色素溶解。

样品采集后应在 0~4 ℃ 避光保存、运输,24 h 内运送至检测实验室过滤(若样品 24 h 内不能送达检测实验室,应现场过滤,滤膜避光冷冻运输),样品滤膜于 −20 ℃ 避光保存,14 天内分析完毕。

【注意】①如果水深不足 0.5 m,在水深 1/2 处采集样品,但不得混入水面漂浮物;②样品采集后,如条件允许,宜尽快分析完毕。

2)试样的制备

(1)过滤。在过滤装置上装好玻璃纤维滤膜。根据水体的营养状态确定取样体积,见表 4-11,用量筒量取一定体积的混匀样品,过滤,最后用少量蒸馏水冲洗滤器壁。过滤时负压不超过 500 hPa,在样品刚刚完全通过滤膜时结束抽滤,用镊子将滤膜取出,将有样品的一面对折,用滤纸吸干滤膜水分。

当富营养化水体的样品无法通过玻璃纤维滤膜时,可采用离心法浓缩样品,但转移过程中应保证提取效率,避免叶绿素 a 的损失及水分对丙酮溶液浓度的影响。

表 4-11　参考过滤样品体积

指标	营养状态		
	富营养	中营养	贫营养
叶绿素 a 含量/($\mu g \cdot L^{-1}$)	≤4	4~10	10-150
过滤体积/mL	100~200		500~1000

(2)研磨。将样品滤膜放置于研磨装置中,加入 3~4 mL 丙酮溶液,研磨至糊状。补加 3~4 mL 丙酮溶液,继续研磨,并重复 1~2 次,保证充分研磨 5 min 以上。将完全破碎后的细胞提取液转移至玻璃刻度离心管中,用丙酮溶液冲洗研钵及研磨杆,一并转入离心管中,定容至 10 mL。

(3)浸泡提取。将离心管中的研磨提取液充分振荡混匀后,用铝箔包好,放置于 4 ℃避光浸泡提取 2 h 以上,不超过 24 h。在浸泡过程中要颠倒摇匀 2~3 次。

(4)离心。将离心管放入离心机,以相对离心力 1000×g(转速 3000~4000 r/min)离心 10 min。然后用针式滤器过滤上清液得到叶绿素 a 的丙酮提取液(试样)待测。

(5)空白试样的制备。用实验用水按照与试样的制备相同的步骤进行实验室空白试样的制备。

(6)测定。取上清液于 10 mm 的石英比色池中,以丙酮溶液为对照溶液,读取波长 750 nm、664 nm、647 nm 和 630 nm 的吸光度。

6. 原始数据记录

实验原始数据记录于表 4-12 中。

表 4-12　实验数据记录表

样本号	V_1/mL	V_2/L	A_{750}	A_{664}	A_{647}	A_{630}	ρ_a/($\mu g \cdot L^{-1}$)
1							
2							
3							
……	……	……	……	……	……	……	……

注:V_1 为提取液的定容体积,mL;V_2 为过滤水样的体积,mL;A 为各波长下的吸光度;ρ_a 为水样叶绿素 a 的含量,μg/L。

7. 结果计算

从各波长的吸光度中减去波长 750 nm 的吸光度,作为已校正过的吸光度 A,按下面公式计算叶绿素 a 的浓度,数据结果填入表 4-12 中。

$$\rho_a = \frac{[11.85 \times (A_{663} - A_{750}) - 1.54 \times (A_{647} - A_{750}) - 0.08 \times (A_{630} - A_{750})] \times V_1}{V_2 L}$$

式中:L——比色池的光程长度,cm;

A_{664}——试样在 664 nm 波长下的吸光度值;

A_{647}——试样在 647 nm 波长下的吸光度值;

A_{630}——试样在 630 nm 波长下的吸光度值;

A_{750}——试样在 750 nm 波长下的吸光度值。

当测定结果小于 100 μg/L 时,保留至整数位;当测定结果大于等于 100 μg/L 时,保留三位有效数字。

8. 注意事项

(1)叶绿素对光及酸性物质敏感,实验室光线应尽量微弱,能进行分析操作即可,使用的玻璃仪器和比色皿均应清洁、干燥、无酸,不要用酸浸泡或洗涤。

(2)丙酮溶液浊度的检查:用 10 mm 吸收池,在 750 nm 波长下进行测定,如果测得的吸光度在 0.005 以上,将溶液再一次充分离心分离,然后再测定其吸光度。

(3)使用斜头离心机时,容易产生二次悬浮沉淀物。为了避免这一问题出现,使用外旋式离心机头,在离心之前瞬间加入过量的碳酸镁。

(4)因为叶绿素提取液对光敏感,故提取操作等要尽量在微弱的光照下进行。

(5)吸收池事先要用丙酮溶液进行校正。

(6)每批样品应至少测定 10% 的平行双样。样品数量少于 10 个时,应至少测定一个平行双样,测定结果的相对偏差应小于等于 20%。

4.3.7 紫外分光光度法测定水中总氮

总氮(total nitrogen,TN),是水中各种形态无机和有机氮的总量,包括 NO_3^-、NO_2^- 和 NH_4^+ 等无机氮和蛋白质、氨基酸和有机胺等有机氮。水中的总氮含量是衡量水质的重要指标之一,常被用来表示水体受营养物质污染的程度。

1. 实验目的

掌握紫外分光光度法测定总氮的原理和方法。

2. 实验原理

在碱性条件下,用过硫酸钾做氧化剂,可将水样中的氨氮、亚硝酸盐氮,以及大部分有机氮化合物氧化为硝酸盐。然后,用紫外分光光度法分别于波长 220 nm 和 275 nm 处测定其吸光度,按 $A=A_{220}-2A_{275}$ 计算硝酸盐氮的吸光光度值,从而计算总氮的含量。其摩尔吸光系数为 1.47×10^3 L/(mol·cm)。

本方法的检测下限为 0.05 mg/L;检测上限为 4 mg/L。

3. 实验仪器和设备

(1)0.1 mg 电子分析天平。

(2)1000 mL 容量瓶。

(3)紫外分光光度计。

(4)25 mL 具塞玻璃磨口比色管。

(5)10 mm 石英比色皿。

(6)压力蒸汽消毒器。

(7)其他一般实验室常用仪器和设备。

4. 试剂

(1)无氨水或新制备的去离子水。

(2)(1+9)盐酸。

(3)20% 氢氧化钠溶液:称取 2 g 氢氧化钠溶于无氨水,稀释至 100 mL。

(4)碱性过硫酸钾溶液:称取 40 g 过硫酸钾($K_2S_2O_8$)、15 g NaOH,溶于无氨水中,稀释至 1000 mL。溶液存放在聚乙烯瓶中,可贮存一周。

(5)100 mg/L 硝酸钾贮备液:称取 0.7218 g 经 105~110 ℃ 烘干 4 h 的优级纯硝酸钾(KNO_3)溶于无氨水中,移入 1000 mL 容量瓶中,定容。此溶液每毫升含 100 μg 硝酸盐氮。此溶液中加入 2 mL 三氯甲烷为保护剂,至少可稳定 6 个月。

(6)10 mg/L 硝酸钾标准使用液:将贮备液用无氨水稀释 10 倍而得。此溶液每毫升含 10 μg 硝酸盐氮。

5. 实验步骤

1)标准曲线的绘制

(1)分别吸取 0 mL、0.50 mL、1.00 mL、2.00 mL、3.00 mL、5.00 mL、7.00 mL 和 8.00 mL 硝酸钾标准使用液于 25 mL 比色管中,用无氨水稀释至 10 mL 刻度线。

(2)加入 5 mL 碱性过硫酸钾,塞紧磨口塞,用纱布裹紧管塞,以防加热时迸溅。

(3)将比色管置于压力蒸汽消毒器中,加热 0.5 h,放气使压力指针回零。然后升温至 120~124 ℃ 开始计时,使比色管在过热水蒸气中加热 0.5 h。

(4)自然冷却,开阀放气,移去外盖,取出比色管并冷至室温。

(5)加入(1+9)盐酸 1 mL,用无氨水稀释至 25 mL 刻度线。

(6)利用紫外光度计,以无氨水做参比,用 10 mm 石英比色皿分别在 220 nm 及 275 nm 波长处测定吸光度。计算 $A=A_{220}-2A_{275}$,即为总氮的吸光光度值。

(7) 由测得的吸光度,减去零浓度空白管的吸光度 A_0 后,得到校正吸光度,以 $A=(A_{220}-2A_{275})-A_0$ 为纵坐标,以总氮质量为横坐标,绘制标准曲线。

2) 样品的测定(与标准曲线的绘制同时进行)

移取 10.0 mL 待测定水样,加入 25 mL 比色管中,按标准曲线的绘制(2)至(6)操作,测定样品的吸光度,根据公式 $A=(A_{220}-2A_{275})-A_0$ 计算样品的吸光度。

3) 计算

根据标准曲线,由待测水样的吸光度在标准曲线上查出水样中的总氮含量,以 μg 表示,并根据公式计算出水样中的总氮浓度,以 mg/L 表示结果。

6. 原始数据记录

实验原始数据记录于表 4-13、表 4-14 中。

表 4-13 标准曲线的绘制记录表　　　　　年　月　日

指标	硝酸钾标准溶液体积/mL							
	0.00	0.50	1.00	2.00	3.00	5.00	7.00	8.00
吸光度(A)								

表 4-14 水样的测定记录表　　　　　年　月　日

指标	测定次数		
	Ⅰ	Ⅱ	Ⅲ
吸光度(A)			

7. 结果计算

$$c(总氮\ mg/L) = \frac{m}{V}$$

式中：m——从标准曲线上查得的氮含量,μg;

V——水样体积,mL。

8. 干扰及消除

(1) 水样中含有六价铬离子及三价铁离子时,可加入 5% 盐酸羟胺溶液 1~2 mL 以消除其对测定的影响。

(2) 碳酸盐及碳酸氢盐对测定有影响,在加入一定量的盐酸后可消除。

(3) 硫酸盐及氯化物对测定无影响。

9. 注意事项

(1) 实验中所用的玻璃仪器可用 10% 盐酸浸洗,用蒸馏水冲洗后再用无氨水冲洗。

(2) 所用玻璃具塞比色管的密合性应良好。使用压力蒸汽消毒器时,冷却后放气要缓慢,要充分冷却后方可揭开锅盖,以免比色管蹦出。

10. 思考题

(1)过硫酸钾是如何把不同形态的氮氧化为硝酸盐氮的?

(2)如果只需要测定水样中的硝酸盐氮,应如何进行测定?

4.3.8 紫外分光光度法测定土样中对乙酰氨基酚

对乙酰氨基酚(paracetamol,APAP,又名扑热息痛)化学式为 $C_8H_9NO_2$,是非那西丁的体内代谢产物,其可通过抑制下丘脑体温调节中枢前列腺素合成酶,减少前列腺素 PGE1、缓激肽和组胺等的合成和释放。PGE1 主要作用于神经中枢,它的减少将导致中枢体温调定点下降,体表温度感受器感觉相对较热,进而通过神经调节引起外周血管扩张、出汗而达到解热的作用,其抑制中枢神经系统前列腺素合成的作用与阿司匹林相似,但抗炎作用较弱,对血小板及凝血机制无影响。2017 年 10 月 27 日,世界卫生组织国际癌症研究机构公布的致癌物清单初步整理参考,对乙酰氨基酚在 3 类致癌物清单中。

1. 实验目的

(1)掌握紫外分光光度法测定有机物的原理和方法。

(2)掌握标准曲线的绘制和运用。

(3)掌握有机物提取和预处理的实验方法。

2. 实验原理

APAP 在稀碱性溶液中,紫外吸收光谱中 $\lambda_{max}=257$ nm,$\varepsilon=715$(估算),消除蛋白质、多肽、纤维素干扰下可外标法定量测定。

3. 实验仪器和设备

(1)0.1 mg 电子分析天平。

(2)1000 mL 容量瓶。

(3)紫外分光光度计。

(4)25 mL 具塞玻璃磨口比色管。

(5)10 mm 石英比色皿。

(6)5 mL 注射器、0.45 μm 针头式过滤器。

(7)15 mL 带盖聚丙烯离心试管。

(8)40 kHz 超声波振荡器

(9)5000 r/min 台式离心机。

(10)其他一般实验室常用仪器和设备。

4. 试剂

(1)80.00 μg/mL 对乙酰氨基酚标准溶液:准确称取

(2)0.1 mol/L NaOH 溶液。

5.实验步骤

1)标准曲线的绘制

(1)分别吸取 0 mL、0.50 mL、1.00 mL、2.00 mL、3.00 mL、4.00 mL 和 5.00 mL 对乙酰氨基酚标准溶液于 15 mL 离心试管中,加水稀释至 10 mL 刻度线。

(2)将试管盖好置于装满水的小烧杯中,烧杯放入超声波振荡器中振荡 5 min。

(3)取出试管擦干后放入台式离心机,以 5000 r/min 离心分离 10 min。

(4)上清液经针头式过滤器滤入 25 mL 比色管中,加水稀释至刻度线。

(5)利用紫外分光光度计,以水做参比,用 10 mm 石英比色皿在 257 nm 波长处测定吸光度。

2)土样中对乙酰氨基酚的测定(与标准曲线的绘制同时进行)

离心试管中先加入 2 mL 水,再加入准确称取的 0.5000 g 土样,加入 5 mL 0.1 mol/L NaOH 溶液,加水稀释至 10 mL 刻度线。按标准曲线的绘制(2)至(5)操作,测定样品的吸光度。

6.原始数据记录

实验原始数据记录于表 4-15、表 4-16 中。

表 4-15 标准曲线的绘制记录表 　　　　　　　年　月　日

指标	对乙酰氨基酚标准溶液体积/mL							
	0.00	0.50	1.00	2.00	3.00	5.00	7.00	8.00
吸光度(A)								

表 4-16 土样的测定记录表 　　　　　　　年　月　日

指标	测定次数		
	Ⅰ	Ⅱ	Ⅲ
吸光度(A)			

7.结果计算

$$对乙酰氨基酚含量(mg/kg) = \frac{m}{0.5000} \times 1000$$

式中:m——从标准曲线上查得的对乙酰氨基酚质量,mg;

0.5000——土样质量,g。

8.注意事项

(1)离心机转子必须保持平衡!离心试管应对称放置,而且重量应近似相等。空位应用等重量水的试管配重。

(2)针头式过滤器必须先润洗再上样,注射器推杆要缓慢施压以免滤膜穿孔影响过滤效果。

9. 思考题

(1)对乙酰氨基酚在酸性条件下和碱性条件下的提取效果有什么差异?为什么?

(2)试列举出3种对乙酰氨基酚的测定方法。

4.3.9 红外分光光度法测定水中总油

1. 实验目的

总油(total oil)是指能够被四氯化碳萃取且在波数为 2930 cm^{-1}、2960 cm^{-1}、3030 cm^{-1} 全部或部分谱带处有特征吸收的物质,主要包括石油类和动植物油类。红外分光光度法适用于地表水、地下水、工业废水和生活污水中石油类和动植物油类的测定。当样品体积为 1000 mL,萃取液体积为 25 mL,使用 40 mm 比色皿时,检出限为 0.01 mg/L,测定下限为 0.04 mg/L;当样品体积为 500 mL,萃取液体积为 50 mL,使用 4 cm 比色皿时,检出限为 0.04 mg/L,测定下限为 0.16 mg/L。

通过实验,可以达到以下目的:

(1)了解油类的红外光谱特征。

(2)学习石油类和动植物油类的分析测定方法。

2. 实验原理

用四氯化碳萃取样品中的油类物质,测定总油。总油的含量由波数为 2930 cm^{-1}(CH$_2$ 基团中 C—H 键的伸缩振动)、2960 cm^{-1}(CH$_3$ 基团中 C—H 键的伸缩振动)和 3030 cm^{-1}(芳香环中 C—H 键的伸缩振动)谱带处的吸光度 A_{2930}、A_{2960}、A_{3030} 进行计算。

3. 实验仪器和设备

(1)红外分光光度计:能在 2400～3400 cm^{-1} 范围内进行扫描测定。

(2)旋转振荡器:振荡频数可达 300 次/分钟。

(3)分液漏斗:1000 mL、2000 mL,聚四氟乙烯旋塞。

(4)玻璃砂芯漏斗:40 mL,G-1 型。

(5)锥形瓶:100 mL,具塞磨口。

(6)样品瓶:500 mL、1000 mL,棕色磨口玻璃瓶。

(7)量筒:1000 mL、2000 mL。

(8)其他一般实验室常用仪器和设备。

4. 试剂

(1)盐酸(HCl):ρ=1.19 g/mL,优级纯。

(2)正十六烷:光谱纯。

(3)异辛烷:光谱纯。

(4)苯:光谱纯。

(5)四氯化碳:在 2800~3100 cm^{-1} 范围内扫描,不应出现锐峰,其吸光度值应不超过 0.12(40 mm 比色皿、空气池做参比)。

(6)无水硫酸钠:在 550 ℃下加热 4 h,冷却后装入磨口玻璃瓶中,置于干燥器内贮存。

(9)正十六烷标准贮备液(ρ=1000 mg/L):称取 0.1000 g 正十六烷于 100 mL 容量瓶中,用四氯化碳定容,摇匀。

(10)异辛烷标准贮备液(ρ=1000 mg/L):称取 0.1000 g 异辛烷于 100 mL 容量瓶中,用四氯化碳定容,摇匀。

(11)苯标准贮备液(ρ=1000 mg/L):称取 0.1000 g 苯于 100 mL 容量瓶中,用四氯化碳定容,摇匀。

5. 实验步骤

1)样品采集

用 1000 mL 样品瓶采集地表水和地下水,用 500 mL 样品瓶采集工业废水和生活污水。采集好样品后,加入盐酸酸化至 pH≤2。

如样品不能在 24 h 内测定,应在 2~5 ℃下冷藏保存,3 天内测定。

2)试样的制备

(1)地表水和地下水。将样品全部转移至 2000 mL 分液漏斗中,量取 25.0 mL 四氯化碳洗涤样品瓶后,全部转移至分液漏斗中。振荡 3 min,并经常开启旋塞排气,静置分层后,将下层有机相转移至已加入 3 g 无水硫酸钠的具塞磨口锥形瓶中,摇动数次。如果无水硫酸钠全部结晶成块,需要补加无水硫酸钠,静置。将上层水相全部转移至 2000 mL 量筒中,测量样品体积并记录。

(2)工业废水和生活污水。用 500 mL 样品瓶采集的工业废水和生活污水同地表水和地下水测定,选择的是 1000 mL 分液漏斗和 50.0 mL 四氯化碳萃取,并以 5 g 无水硫酸钠脱水干燥。将上层水相全部转移至 1000 mL 量筒中,测量样品体积并记录。

萃取液分为两份,一份直接用于测定总油。另一份加入 5 g 硅酸镁,置于旋转振荡器上,以 180~200 r/min 的速度连续振荡 20 min,静置沉淀后,上清液经玻璃砂芯漏斗过滤至具塞磨口锥形瓶中,用于测定石油类。

石油类和动植物油类的吸附分离也可采用吸附柱法,即取适量的萃取液过硅酸镁吸附柱,弃去前 5 mL 滤出液,余下部分接入锥形瓶中,用于测定石油类。

(3)空白试样的制备。以实验用水代替样品,按照试样的制备步骤制备空白试样。

3)分析步骤

(1)校正系数的测定。分别量取 2.00 mL 正十六烷标准贮备液、2.00 mL 异辛烷标准贮备液和 10.00 mL 苯标准贮备液于 3 个 100 mL 容量瓶中,用四氯化碳定容至标线,摇匀。正十六烷、异辛烷和苯标准溶液的浓度分别为 20 mg/L、20 mg/L 和 100 mg/L。

用四氯化碳做参比溶液,使用 40 mm 比色皿,分别测量正十六烷、异辛烷和苯标准溶液在 2930 cm^{-1}、2960 cm^{-1}、3030 cm^{-1} 处的吸光度 A_{2930}、A_{2960}、A_{3030}。正十六烷、异辛烷和苯标准溶液在上述波数处的吸光度均符合下式,由此得出的联立方程式经求解后,可分别得到相应的校正系数 X,Y,Z 和 F。

$$c = X \cdot A_{2930} + Y \cdot A_{2960} + Z \cdot \left[A_{3030} - \frac{A_{2930}}{F} \right]$$

式中:c——四氯化碳中总油的浓度,mg/L;

A_{2930}、A_{2960}、A_{3030}——各对应波数下测得的吸光度;

X、Y、Z——与各种 C—H 键吸光度相对应的系数;

F——脂肪烃对芳香烃影响的校正因子,即正十六烷在 2930 cm^{-1} 与 3030 cm^{-1} 处的吸光度之比。

对于正十六烷和异辛烷,由于其芳香烃含量为零,即

$$A_{3030} - \frac{A_{2930}}{F} = 0$$

则有

$$F = \frac{A_{2930}(H)}{A_{3030}(H)}$$

$$\rho(H) = X \cdot A_{2930}(H) + Y \cdot A_{2960}(H)$$

$$\rho(I) = X \cdot A_{2930}(I) + Y \cdot A_{2960}(I)$$

由以上三式分别可得 F、X 和 Y 值。

对于苯,则有

$$c(B) = X \cdot A_{2930}(B) + Y \cdot A_{2960}(B) + Z \cdot \left[A_{3030}(B) - \frac{A_{2930}(B)}{F} \right]$$

式中:$c(H)$——正十六烷标准溶液的浓度,mg/L;

$c(I)$——异辛烷标准溶液的浓度,mg/L;

$c(B)$——苯标准溶液的浓度,mg/L。

$A_{2930}(H)$、$A_{2960}(H)$、$A_{3030}(H)$——各对应波数下测得正十六烷标准溶液的吸光度;

$A_{2930}(I)$、$A_{2960}(I)$、$A_{3030}(I)$——各对应波数下测得异辛烷标准溶液的吸光度;

$A_{2930}(B)$、$A_{2960}(B)$、$A_{3030}(B)$——各对应波数下测得苯标准溶液的吸光度。

由上式可得 Z 值。

(2)总油的测定。将萃取液转移至 40 mm 比色皿中,以四氯化碳做参比溶液,分别于 2930 cm^{-1}、2960 cm^{-1}、3030 cm^{-1} 处测量其吸光度 A_{1-2930}、A_{1-2960}、A_{1-3030},计算总油的浓度。

(3)空白实验。以空白试样代替样品,按照与样品测定相同步骤进行测定。

6.原始数据记录

实验原始数据记录于表 4-17、表 4-18 中。

表 4-17 标样校正系数的测定记录表　　　　　　　　　　年　月　日

指标	正十六烷(A_{2930})	异辛烷(A_{2960})	苯(A_{3030})
吸光度(A)			

表 4-18 水样的测定记录表　　　　　　　　　　年　月　日

指标	正十六烷(A_{2930})	异辛烷(A_{2960})	苯(A_{3030})
吸光度(A)			

7.结果计算

1)总油的浓度

样品中总油的浓度 c_1(mg/L),按照下式进行计算:

$$c_1 = X \cdot A_{1-2930} + Y \cdot A_{1-2960} + Z \cdot \left[A_{1-3030} - \frac{A_{1-2930}}{F}\right] \cdot \frac{V_0 \cdot D}{V_w}$$

式中:c_1——样品中总油的浓度,mg/L;

X、Y、Z、F——校正系数;

A_{1-2930}、A_{1-2960}、A_{1-3030}——各对应波数下测得萃取液的吸光度;

V_0——萃取溶剂的体积,mL;

V_w——样品体积,mL;

D——萃取液稀释倍数。

2)结果表示

当测定结果小于 10 mg/L 时,结果保留两位小数;当测定结果大于等于 10 mg/L 时,结果保留三位有效数字。

8.注意事项

四氯化碳毒性较大,所有操作应在通风橱内进行。样品分析过程中产生的四氯化碳废液应存放于专用密闭容器中,妥善处理。

9.思考题

(1)红外光谱与紫外可见光谱的能级分别对应分子怎样的运动?

(2)如何利用红外光谱鉴定化合物的结构。

第 5 章

原子吸收光谱法

5.1 原子吸收光谱法简介

原子吸收光谱法(atomic absorption spectrometry,AAS),也称为原子吸收分光光度法,是根据待测元素的基态原子蒸汽对其特征谱线的吸收而对待测元素进行定量分析的一种仪器分析方法。原子吸收光谱法具有灵敏度高、选择性好等优点。该方法主要用于样品中微量及痕量金属元素和部分非金属元素的分析,是分析环境样品中重金属元素常用的一种方法。

5.2 原子吸收光谱仪及其操作步骤

1. 基本原理

原子吸收光谱法是利用待测元素的气态基态原子可以吸收一定波长的光辐射,使原子中外层的电子从基态跃迁到激发态的现象而建立的定量分析方法。当光源发射的特征波长光通过待测元素的基态原子蒸气时,即入射辐射的频率等于原子中的电子由基态跃迁到较高能态(一般情况下都是第一激发态)所需要的能量频率时,原子中的外层电子将选择性地吸收其同种元素所发射的特征谱线,使入射光强度减弱。特征谱线因吸收而减弱的程度称吸光度(A),其在线性范围内与被测元素的浓度成正比,即 $A=Kc$。

2. 仪器结构

原子吸收光谱仪外观见图 5-1,基本构造见图 5-2。仪器的主要结构包括光源、原子化系统、分光系统和检测系统四部分。

1)光源

光源的作用是发射待测元素的特征共振辐射以供原子蒸气吸收。对光源的基本要求是:发射的共振辐射的半宽度要明显小于吸收线的半宽度;辐射强度大、背景低、稳定性好。

第 5 章 原子吸收光谱法

图 5-1 原子吸收光谱仪外观图

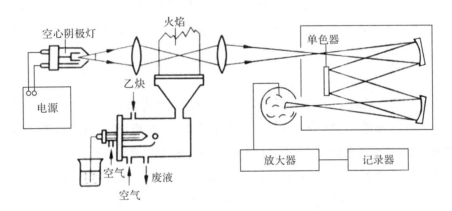

图 5-2 原子吸收光谱仪基本构造图

原子吸收分光光度计中最常用的光源是空心阴极灯。空心阴极灯的结构如图 5-3 所示，它的阴极是由待测元素制成的空心阴极，阳极由钛、锆或其他材料制成。灯管内填充低压惰性气体。

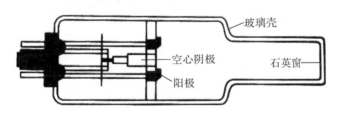

图 5-3 空心阴极灯的结构示意图

空心阴极灯采用脉冲供电维持发光，发射的谱线稳定性好，强度高。点亮后需预热 20～30 min 后发光强度才能稳定。缺点是每测定一种元素就要更换一个相应的空心阴极灯。

空心阴极灯需要调节的实验条件包括灯电流的大小和灯的位置（使灯发出的光与光度计的光轴对准）。

2) 原子化系统

原子化系统的作用是使试样溶液中的待测元素转变成气态的基态原子蒸气。在原子吸收光谱分析中,试样中被测元素的原子化是整个分析过程的关键环节。

原子化器主要有火焰原子化器和无火焰原子化器(包括石墨炉原子化器、氢化物发生原子化器及冷蒸气发生原子化器)两类。火焰原子化器具有简单、快速、对多数元素具有较高的灵敏度和检测限等优点,因此至今仍然具有十分广泛的应用。无火焰原子化器具有相对于火焰原子化器更高的原子化效率和灵敏度(测定用一种元素时,无火焰原子化器相比火焰原子化器的灵敏度可提高 10~200 倍),但其分析结果的精密度比火焰原子化器差。多数原子吸收分光光度计固定装有一种原子化器。

使用火焰原子化器时,需优化的实验条件包括:燃气和助燃气的流量和配比,燃烧器的高度、水平位置。使用石墨炉原子化器时,需要优化的条件有石墨炉的升温程序、屏蔽气流量等。

3)分光系统

分光系统的作用是将空心阴极灯发射出的共振线与邻近谱线分开,仅允许共振线的透过光投射到光电倍增管上。原子吸收分光光度计的分光系统由出射、入射狭缝,反射镜和色散元件组成,关键部件是色散元件,商品仪器都使用光栅作为色散元件。

光学系统需要调整的实验参数有测定波长、狭缝宽度等。一般来说,测定碱金属和碱土金属元素可选用较大的狭缝宽度,而测定过渡元素和稀土元素应选用较小的狭缝宽度。

4)检测系统

检测系统的功能是将原子吸收信号转换为吸光度值并在显示器上显示。检测系统主要由检测器、放大器、对数转换器、显示装置组成。原子吸收光谱仪中常将光电倍增管作为检测器。

实验中需要调节的实验参数有光电倍增管的负高压、显示方式(吸光度、吸光度积分、浓度直读)等。

3. 分析流程

利用原子吸收光谱仪对样品进行测定时,采用火焰或石墨炉原子化器使样品溶液中的待测元素转化为气态的基态原子蒸气,原子蒸气吸收空心阴极灯所发出的该元素的共振线,利用分光系统去除共振线中的非吸收线后,在检测系统中将接收到的光信号转化为电信号,由显示器显示吸光度值,根据吸光度值与待测元素的浓度正比关系即可对待测元素进行定量分析。

4. 操作步骤

原子吸收光谱仪型号较多,功能和自动化程度有所不同。使用方法上也会有一定的区别。每台原子吸收光谱仪都配有相应的仪器使用手册。使用时应参考该仪器的使用手册。下面就以火焰原子吸收分光光度计的一般操作程序为例介绍其操作步骤。

(1) 在仪器上安装一只与待测元素对应的空心阴极灯。

(2) 打开仪器总电源开关,打开灯电流开关,调整波长,设置空心阴极灯电流、单色光波长、光谱通带等工作参数至要求值。

(3) 将显示器工作状态置于"能量(或透光率)"状态,调节光电倍增管负高压至能量表指示半满度,调节空心阴极灯的位置,至能量值达到最大。

(4) 仪器和空心阴极灯预热 20~30 min,使仪器各部件及灯的能量处于稳定态。检查雾化器排液管是否已插入水封,打开燃烧废气的通风设备。

(5) 打开空压机,调节空气针型阀至要求的空气流量值。

(6) 打开乙炔钢瓶阀门,调节乙炔针形阀流量至比推荐值略小,点火。点着后,立即将吸液毛细管插入去离子水(或空白液)喷雾,以免燃烧头过热。调节乙炔流量至推荐值。

(7) 将显示器工作状态置于"吸光度"状态,用去离子水(或空白液)喷雾,按"清零"钮,使吸光度值为零。

(8) 使雾化器吸入一浓度恰当的标准溶液,调节燃烧器的高度、前后和转角等,使标准溶液的吸光度达到最大(注意:每次燃烧器位置变动后都要重新用去离子水或空白液清零)。

(9) 待仪器状态稳定后,从低浓度到高浓度依次吸喷标准系列溶液,记录对应的吸光度读数。然后吸喷样品溶液,记录对应的吸光度值(注意:每次将吸液毛细管转移到另一溶液前,都应先插入去离子水或空白液使吸光度指示回到零)。

(10) 测定完毕,将工作状态置于"能量"状态,将光电倍增管负高压和空心阴极灯电流调到零,继续用去离子水吸喷几分钟清洗雾化系统。然后先关闭乙炔针型阀,再关闭空气针型阀,最后关闭乙炔瓶总阀和空压机,切断总电源,关闭通风。

5.3 原子吸收光谱法实验

5.3.1 火焰原子吸收光谱法测定水中 Cu^{2+}

铜(Cu)是人体必需的微量元素,成人每日的需要量估计为 20 mg。水中铜达 0.01 mg/L 时,对水体自净有明显的抑制作用。铜对水生生物毒性很大,有人认为铜对鱼类的起始毒性浓度为 0.002 mg/L,但一般认为水体铜浓度低于 0.01 mg/L 对鱼类是安全的。铜对水生生物的毒性与其在水体中的形态有关,游离铜离子的毒性比络合态铜要大得多。灌溉水中硫酸铜对水稻的临界危害浓度为 0.6 mg/L。铜的主要污染源有电镀、冶炼、五金、石油化工和化学工业等企业排放的废水。

环境样品中铜离子的测定方法有多种,包括 EDTA 滴定法、可见分光光度法、原子吸收光谱法等。一般要根据样品中的铜离子含量和样品基质情况选择合适的测定方法。

1. 实验目的

(1) 了解原子吸收分光光度法的原理。

(2) 掌握火焰原子吸收光谱仪的操作技术。

(3) 熟悉原子吸收光谱法的应用。

2. 实验原理

将水样或消解处理好的试样直接吸入火焰,火焰中形成的铜原子蒸气对光源发射的铜的特征电磁辐射(324.7 nm)产生吸收。吸光度 A 与试样中 Cu 的浓度 c 关系可表示为

$$A = Kc$$

式中,K 在一定实验条件下为一常数。

利用标准曲线法,根据标准溶液的浓度即可求得待测样品的浓度。

标准曲线法原理:配制一系列浓度不同的标准溶液,由低浓度到高浓度依次喷入火焰,分别测定吸光度 A,以 A 为纵坐标,以被测元素的浓度 c 为横坐标,画出吸光度 A 对浓度 c 的标准曲线。在相同条件下,测定未知样品的吸光度,在标准曲线上找出相应的浓度值,即为未知样品中被测元素的浓度。

3. 实验仪器和设备

(1) 火焰原子吸收分光光度计。

(2) 铜空心阴极灯。

(3) 100 mL 容量瓶。

(4) 移液管。

(5) 其他一般实验室常用仪器和设备。

4. 试剂

(1) 1000 mg/L 铜标准贮备液:准确称取 1.000 g 光谱纯金属铜,用 50 mL(1+1)硝酸溶解,必要时加热直至溶解完全,移入 1000 mL 容量瓶中,用去离子水稀释至刻度。

(2) 50 mg/L 铜标准使用液:用 0.2% 硝酸稀释铜标准贮备液配制而成。

(3) 优级纯硝酸。

(4) 二次去离子水或重蒸水。

5. 实验步骤

(1) 标准曲线的绘制:吸取铜标准溶液 0 mL,0.50 mL,1.00 mL,3.00 mL,5.00 mL,10.00 mL 分别放入 6 个 100 mL 容量瓶中,用 0.2% 硝酸稀释定容。此混合标准系列各金属离子的浓度见表 5−1。

根据仪器优化调整测定波长、光谱带宽、空心阴极灯灯电流、火焰类型、燃烧高度等测定参数。测定条件如下:波长 324.7 nm(铜的特征谱线),氧化型空气-乙炔火焰,以 0.2% 硝酸为空白溶液,调零,测定上述各溶液的吸光度。

用测得的吸光度与相对应的浓度绘制标准曲线。

(2)水样的预处理。取 100.0 mL 水样置于 200 mL 烧杯中,加入 5 mL 浓硝酸,在通风橱内用电热板加热消解,确保样品不沸腾,蒸至 10 mL 左右,加入 5 mL 浓硝酸和 2 mL 高氯酸,继续消解至 1 mL 左右。如果消解不完全,再加入硝酸 5 mL 和高氯酸 2 mL,再次消解至 1 mL 左右。取下冷却,加热消解残渣,用水定容至 100 mL。

(3)空白实验。取 0.2% 硝酸 100.0 mL,置于 200 mL 烧杯中,按上述(2)相同步骤操作,以此为空白溶液进行实验。

(4)按(1)所得的测定条件,吸入 0.2% 硝酸溶液,将仪器调零,再吸入空白溶液和试样,测定吸光度。

(5)根据扣除空白吸光度后的样品吸光度,在标准曲线上查出待测样品中的铜浓度。

6.原始数据记录

实验原始数据记录于表 5-1、表 5-2 中。

表 5-1 标准曲线的绘制记录表　　　　　　　　　　年　月　日

指标	Cu 标准溶液体积/mL					
	0.00	0.50	1.00	3.00	5.00	10.00
Cu 质量/μg	0	25	50	150	250	500
Cu 浓度/(mg·L^{-1})	0	0.25	0.50	1.50	2.50	5.00
吸光度(A)						

表 5-2 水样的测定记录表　　　　　　　　　　年　月　日

指标	测定次数		
	Ⅰ	Ⅱ	Ⅲ
吸光度(A)			

7.结果计算

$$c(Cu^{2+}, mg/L) = \frac{m}{V}$$

式中:m——标准曲线上查得的 Cu 相应量,μg;

V——溶液体积,mL;

8.干扰及消除

地下水和地表水中的共存离子和化合物,在常规浓度下不干扰测定。

9.注意事项

(1)消解过程中使用的高氯酸有爆炸危险,因此使用时需注意控制温度,且整个消解过程一定要在通风橱中进行。

(2)点火时,必须先开空气阀,后开乙炔阀。灭火时,先关乙炔阀,后关空气阀,防止回火、爆炸事故的发生。乙炔为易燃气体,实验室内严禁烟火。

(3)可通过测定加标回收率判定基体干扰的程度。若样品基体干扰严重,可加入干扰抑制剂,或用标准加入法测定并计算结果。

10. 思考题

(1)简要说明原子吸收分光光度计的操作流程。

(2)什么是标准曲线法?什么是标准加入法?两种方法在使用上有何区别?

5.3.2 石墨炉原子吸收光谱法测定生活饮用水中痕量镉

镉(Cd)不是人体的必需元素,其毒性很大,可在人体内积蓄,主要积蓄在肾脏,引起泌尿系统的功能变化。水中镉达 0.1 mg/L 时,对地表水的自净有轻度抑制作用。镉对白鲢鱼的安全浓度为 0.014 mg/L。农灌水中含镉 0.007 mg/L 时,即可造成污染。用含镉 0.04 mg/L 的水进行农灌时,土壤和稻米受到明显污染。日本的痛痛病即镉污染所致,我国也有受镉污染稻米的报道。镉是我国实施排放总量控制的指标之一。

多数淡水含镉量低于 1 μg/L,海水中镉的平均浓度为 0.15 μg/L。镉的主要污染源有电镀、采矿、冶炼、染料、电池和化学工业等企业排放的废水。

1. 实验目的

(1)了解石墨炉原子吸收分光光度计的基本构造。

(2)学习石墨炉原子吸收分光光度计的操作技术。

(3)了解石墨炉原子化的原理和升温程序。

2. 实验原理

样品溶液经一定处理后,注入石墨炉原子化器中,在石墨炉内升温至一定温度进行干燥去除溶剂、灰化过程去除易蒸发的大部分基体后,在瞬间升高的原子化温度作用下,待测镉元素迅速蒸发、解离为镉的原子蒸气,气态的镉基态原子吸收来自镉空心阴极灯发出的 228.8 nm 的共振线,所产生的吸光度 A 在一定范围内与试样中的镉离子浓度 c 成正比:

$$A = Kc$$

利用 A 与 c 的线性关系,用已知浓度的镉离子标准溶液做工作曲线,测得样品溶液的吸光度后,从工作曲线上即可求得样品溶液中的镉离子浓度。

3. 实验仪器和设备

(1)石墨炉原子吸收分光光度计。

(2)镉空心阴极灯。

(3)25 mL 容量瓶。

(4)移液管。

(5)其他一般实验室常用仪器和设备。

4. 试剂

(1)1000.0 mg/L镉标准贮备液:准确称取0.5000 g光谱纯金属镉,用5 mL(1+1)硝酸溶解,移入500 mL容量瓶中,用去离子水稀释至刻度。

(2)50.0 ng/mL镉标准使用液:用0.2%硝酸对镉标准贮备液进行逐级稀释,得到50 ng/mL的镉标准工作溶液。

(3)优级纯硝酸。

(4)二次去离子水或重蒸水。

5. 实验步骤

(1)仪器的主要操作条件:测定波长为228.8 nm,光谱通带为0.5 nm,灯电流为3 mA,使用背景校正,进样量20 μL。石墨炉升温程序及氩气流量见表5-3。

表5-3 石墨炉升温程序及氩气流量

程序	温度/℃	时间/s	氩气流量/(L·min^{-1})	升温方式
1(干燥)	100	20	0.2	斜坡
2(干燥)	100	15	0.2	保持
3(灰化)	300	20	0.2	斜坡
4(灰化)	300	5	0.2	保持
5(原子化)	1500	3	0	快速
6(清洗)	2300	3	0.2	快速

(2)标准曲线的绘制。吸取50.0 ng/mL镉标准溶液0 mL、0.25 mL、0.50 mL、0.75 mL、1.00 mL,分别放入5只25 mL容量瓶中,加入(1+1)硝酸5 mL,用去离子水稀释至刻度定容,摇匀,配制成镉质量浓度为0 ng/mL、0.5 ng/mL、1.0 ng/mL、1.5 ng/mL和2.0 ng/mL的标准系列溶液。

用微量加样器从低浓度到高浓度依次吸取20 μL标准系列溶液,注入石墨管,按表5-3所设定的升温程序测定标准系列的吸光度。以浓度为横坐标,以吸光度为纵坐标做工作曲线。

(3)水样的测定。取500.0 mL待测水样(饮用水、自来水、瓶装水等),加入(1+1)硝酸10 mL酸化后保存。

用微量加样器吸取20 μL酸化后的水样,注入石墨管,按表5-3所设定的升温程序测定水样的吸光度。根据测定的样品吸光度,在标准曲线上查出待测样品中的镉浓度。

6. 原始数据记录

实验原始数据记录于表 5-4、表 5-5 中。

表 5-4 标准曲线的绘制记录表　　　　　　　　　　年　月　日

指标	Cd 标准溶液体积/mL				
	0.00	0.25	0.50	0.75	1.00
Cd 浓度/(ng·mL^{-1})	0	0.5	1.0	1.5	2.0
Cd 质量/ng	0	12.5	25	37.5	50
吸光度(A)					

表 5-5 水样的测定记录表　　　　　　　　　　年　月　日

指标	测定次数		
	Ⅰ	Ⅱ	Ⅲ
吸光度(A)			

7. 结果计算

从标准曲线上得到 Cd 的相应浓度(ng/μL)。

8. 干扰及消除

石墨炉原子吸收分光光度法灵敏度高,但基体干扰比较复杂,适合分析清洁水样。

9. 注意事项

(1)可通过测定加标回收率判定基体干扰的程度。若样品基体干扰严重,可加入干扰抑制剂,或用标准加入法测定并计算结果。

(2)为减少沾污,实验中所采用的容器最好能在 20% 硝酸中浸泡过夜,用去离子水淋洗后使用。

10. 思考题

(1)火焰原子吸收分光光度法和石墨炉原子吸收分光光度法在测定样品的原理上有何区别?两种方法的测定对象有何不同?

(2)为什么石墨炉原子化吸收法的灵敏度比火焰原子化吸收法的灵敏度高?

(3)石墨炉升温程序中的各步骤的功能分别是什么?如何选择最佳灰化温度和最佳原子化温度?

(4)进行痕量金属元素分析时要注意什么?

5.3.3 石墨炉原子吸收光谱法测定土壤中的铅

铅(Pb)是一种具有积蓄性的有毒金属,铅的主要毒性效应是导致贫血症、神经机能失调和肾损伤。铅对水生生物的安全浓度为 0.16 mg/L。用含铅 0.1～4.4 mg/L 的水灌溉水稻和小麦时,作物中含铅量增加明显。

目前铅对环境的污染主要是由废弃的含铅蓄电池和汽油防爆剂对土壤、水、大气的污染所导致,此外,冶炼、五金、机械、涂料、电镀等工业中排放的废水中也含有铅。铅是我国实施排放总量控制的指标之一。

1. 实验目的

(1)掌握土壤样品的预处理技术。

(2)学习石墨炉原子吸收分光光度计测定铅的原理和操作技术。

2. 实验原理

采用盐酸—硝酸—氢氟酸—高氯酸全消解方法,破坏土壤的矿物晶格,使土壤中的待测元素全部进入试液。将试液注入石墨炉中,经过预先设定的干燥、灰化程序去除共存溶剂和基体,然后在原子化阶段的高温下将铅化合物解离为基态铅原子蒸气,其对铅空心阴极灯发射的特征谱线产生选择性吸收,所产生的吸光度与试样中的铅离子浓度成正比。

3. 实验仪器和设备

(1)石墨炉原子吸收分光光度计(带有背景扣除装置)。

(2)铅空心阴极灯。

(3)25 mL 容量瓶。

(4)移液管。

(5)其他一般实验室常用仪器和设备。

4. 试剂

(1)浓盐酸、浓硝酸、氢氟酸、高氯酸,均为优级纯。

(2)(1+5)硝酸。

(3)5%磷酸氢二铵水溶液。

(4)500 mg/L 铅标准贮备液:准确称取 0.5000 g 光谱纯金属铅于烧杯中,用 20 mL(1+5)硝酸微热溶解,冷却后移入 1000 mL 容量瓶中,用去离子水稀释至刻度并摇匀。

(5)250.0 μg/L 铅标准使用液:用(1+5)硝酸对铅标准贮备液进行逐级稀释得到,用时现配。

5. 实验步骤

(1)准确称取土壤样品 0.1～3 g(精确至 0.0002 g)于 50 mL 聚四氟乙烯坩埚中,用水润湿后加入 5 mL 浓盐酸,在通风橱内用电热板低温加热使样品初步分解,当蒸发至约 2～3 mL 时,取下稍冷,再加入 5 mL 浓硝酸、2 mL 氢氟酸、2 mL 高氯酸,加盖后于电热板上中温加热 1 h 左右,开盖,继续加热去除硅(为达到良好的除硅效果,应经常摇动坩埚)。当加热至冒浓厚高氯酸白烟时,加盖,使黑色有机碳化物充分分解。待坩埚上的黑色有机物消失后,开盖驱赶白烟并蒸至内容物呈黏稠状。视消解情况,可再加入 2 mL 硝酸、2 mL 氢氟酸、1 mL 高氯酸,重复上述消解过程。当白烟再次基本冒尽且内容物呈黏稠状时,取下稍冷,用水冲洗坩埚盖和内壁,并加入 1 mL 硝酸溶液温热溶解残渣。再将溶液转移至 25 mL 容量瓶中,加入 3 mL 磷酸氢二铵溶液冷却后定容,摇匀备测。

(2)以表 5-6 为调节仪器操作的参考条件。

表 5-6 石墨炉原子吸收光谱法测定铅的仪器操作条件

指标	条件	指标	条件
测定波长/nm	283.3	原子化温度/℃	1200,保持 3 s
通带宽度/nm	0.5	清洗程序/(℃·min^{-1})	2500,保持 3 s
灯电流/mA	3.0	氩气流量/(mL·min^{-1})	200
干燥程序/(℃·min^{-1})	10~22,保持 10 s	原子化阶段是否停气	是
灰化程序/(℃·min^{-1})	150,保持 20 s	进样量/μL	10

(3)空白实验。用水代替试样,进行步骤(1)、(2)操作。

(4)标准曲线的绘制。用移液管准确移取 0 mL、0.50 mL、1.00 mL、2.00 mL、3.00 mL、5.00 mL 铅标准使用液分别放入 6 只 25 mL 容量瓶中,加入 3.0 mL 磷酸氢二铵溶液,用(1+5)硝酸溶液定容,摇匀,分别配制成铅质量浓度为 0 μg/L、5.0 μg/L、10.0 μg/L、20.0 μg/L、30.0 μg/L 和 50.0 μg/L 的标准系列溶液。

用微量加样器从低浓度到高浓度依次吸取 10 μL 标准系列溶液,注入石墨管,按表 5-3 所设定的升温程序测定标准系列的吸光度。以浓度为横坐标,以减去空白吸光度的吸光度为纵坐标做工作曲线。

根据测定的样品吸光度,在标准曲线上查出待测样品中的铅浓度。

6.原始数据记录

实验原始数据记录于表 5-7、表 5-8 中。

表 5-7 Pb 标准曲线的绘制记录表　　　　　　年　月　日

指标	Pb 标准溶液体积/mL					
	0.00	0.50	1.00	2.00	3.00	5.00
Pb 浓度/(μg·L^{-1})	0	5.0	10.0	20.0	30.0	50.0
吸光度(A)						

表 5-8 土样的测定记录表　　　　　　　　　年　月　日

指标	测定次数		
	Ⅰ	Ⅱ	Ⅲ
吸光度(A)			

7. 结果计算

土壤样品中铅的含量 W(mg/kg) 按下式计算：

$$W = \frac{cV}{m} \times 10^{-3}$$

式中：c——试液的吸光度减去空白实验的吸光度，然后在标准曲线上查得的铅浓度，$\mu g/L$；

V——试样溶液的体积，mL；

m——称取的土壤质量，g；

8. 注意事项

(1)由于不同土壤有机质含量差异很大，消解时各种酸的用量可根据消解情况酌情增减。

(2)消解过程中使用的氢氟酸、高氯酸有爆炸危险，整个消解过程一定要在通风橱中进行。

(3)消解过程中电热板的温度不宜过高，否则会使聚四氟乙烯坩埚变形。

(4)土壤消解液应呈白色或淡黄色，没有沉淀物存在。

9. 思考题

(1)如何对土壤样品进行消解？

(2)消解水样和消解土壤样品有何不同？

(3)实验中测定空白溶液的吸光度有何意义？

5.3.4　氢化物发生原子吸收光谱法测定水中的砷

元素砷(As)的毒性较低，而砷的化合物有剧毒，三价砷比五价砷化合物毒性更强。砷通过呼吸道、消化道和皮肤进入身体，从而引起慢性砷中毒，潜伏期可长达几年甚至几十年。砷还有致癌作用，能引起皮肤癌。砷的污染主要来源于采矿、冶金、化工、化学制药、农药生产等部门的工业废水。

1. 实验目的

了解氢化物发生原子吸收光谱法的基本原理和操作技术。

2. 实验原理

硼氢化钾或硼氢化钠在酸性溶液中，产生新生态氢，将水样中无机砷还原成砷化氢气体，将其用 N_2 气载入石英管中，以电加热方式使石英管升温至 900~1000 ℃。砷化氢气体在此温度下被分解形成砷原子蒸气，对来自砷光源的特征电磁辐射(波长为 193.7 nm)产生吸收。将测得的水样中砷的吸光度值和标准吸光度值进行比较,确定水样中砷的含量。

3. 实验仪器和设备

(1)原子吸收分光光度计(带有背景扣除装置)。

(2)砷空心阴极灯。

(3)氢化物发生装置(见图 5-4)。

(4)50 mL 容量瓶。

(5)移液管。

(6)其他一般实验室常用仪器和设备。

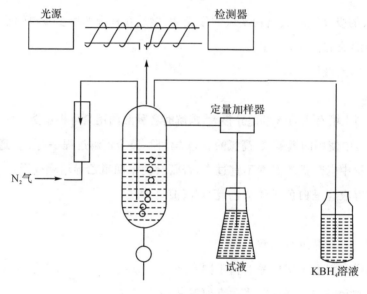

图 5-4　氢化物发生装置

4. 试剂

(1)盐酸、浓硝酸、高氯酸,均为优级纯。

(2)去离子水。

(3)20%氢氧化钠、2%盐酸。

(4)1000.0 mg/L 砷标准贮备液:准确称取 0.1320 g 预先在硅胶上干燥至恒重的三氧化二砷,溶于 2 mL 20%氢氧化钠溶液中,用 2%盐酸溶液中和后,再加入 2 mL,转移入 100 mL 容量瓶中,摇匀。

(5)1.0 mg/L 砷标准使用液:吸取 1000.0 mg/L 砷标准贮备液,逐级稀释成 1.0 mg/L 的砷标准使用液。

(6)1%硼氢化钾溶液:称取 1 g 硼氢化钾于 100 mL 烧杯中,加入 1~2 粒固体氢氧化钠,加入 100 mL 水溶解,过滤。

(7)3%碘化钾-1%抗坏血酸和硫脲混合液：称取 3 g 碘化钾、1 g 抗坏血酸和 1 g 硫脲，溶于 100 mL 水中，摇匀。

5. 实验步骤

(1)水样的预处理。取清洁水样 25.0 mL 置于 50 mL 容量瓶中，加入(1+1)盐酸 8 mL、3%碘化钾-1%抗坏血酸和硫脲混合液 1 mL，定容后摇匀，放置 30 min 测定。

(2)空白实验。用水代替试样，进行步骤(1)操作。

(3)标准曲线的绘制。用移液管准确移取 0 mL、0.50 mL、1.00 mL、2.00 mL、5.00 mL、10.00 mL 砷标准使用液(浓度为 1.0 mg/L)分别放入 6 只 50 mL 容量瓶中，各加入(1+1)盐酸 8 mL、3%碘化钾-1%抗坏血酸和硫脲混合液 1 mL，用水稀释至刻度，摇匀。此即砷浓度分别为 0 μg/mL、10.0 μg/mL、20.0 μg/mL、40.0 μg/mL、100.0 μg/L 和 200.0 μg/L 的标准系列溶液。放置 30 min 测定。

(4)测定。按表 5-9 工作条件调好仪器，预热 30 min，将空白溶液、标准曲线系列和预处理过的水样分别定量加入 2 mL 氢化物发生器中，用定量加液器迅速加入 1%硼氢化钾溶液 1.5 mL，测定砷的吸收峰值，然后排出废液。完成一个样品的测定后，应用水冲洗氢化物发生器两次，再进行下一个样品的测定。

表 5-9 氢化物发生原子吸收光谱法测定砷的仪器操作条件

测定波长/nm	通带宽度/nm	灯电流/mA	石英管温度/℃	氩气流量/(mL·min^{-1})
193.7	0.9	10	950	500

6. 原始数据记录

实验原始数据记录于表 5-10、表 5-11 中。

表 5-10 As 标准曲线的绘制记录表　　　　　　　　年　月　日

指标	As 标准溶液体积/mL					
	0.00	0.50	1.00	2.00	5.00	10.00
As 浓度/(μg·L^{-1})	0	10.0	20.0	40.0	100.0	200.0
吸光度(A)						

表 5-11 水样的测定记录表　　　　　　　　年　月　日

指标	测定次数		
	Ⅰ	Ⅱ	Ⅲ
吸光度(A)			

7. 结果计算
$$c(\text{As}, \text{mg/L}) = (m/V) \times 10^{-3}$$
式中：m——标准曲线上得到的 As 相应量，ng；

V——水样体积，mL。

8. 注意事项

(1) 三氧化二砷为剧毒药品，用时要注意安全。

(2) 砷化氢为剧毒气体，故管道不能漏气，并要在排风良好的条件下操作。

(3) 氮载气流量不应过大，过大会降低检测灵敏度，同时还会导致水样冲进高温石英管，使其骤冷而炸裂。

(4) 水样酸度不能太低或太高。酸度太低则形成砷化氢不完全，太高会产生过量氢气，引起严重的分子吸收，干扰砷的测定。

9. 思考题

氢化物发生原子吸收光谱法可以测定哪些元素？为什么？

第 6 章

电位分析法

6.1 电位分析法简介

电位分析法(电位法)是指以待测溶液作为电解质溶液,使其与指示电极、参比电极和外电路构成电化学电池,通过测定该电化学电池的电动势以求得溶液中待测离子活度的方法。

电位分析法分为直接电位法和电位滴定法。直接电位法是指将适当的指示电极插入被测溶液,测量其相对于一个参比电极的电位,然后根据测出的电位,求出被测离子活度的方法。

电位滴定法是指向待测溶液中滴加能与被测物质发生化学反应的已知浓度的试剂进行滴定,同时记录滴定过程中溶液电位的变化,根据记录的电位值-滴定剂体积(E-V)之间的关系以确定滴定终点,再根据滴定终点所消耗的滴定剂体积及浓度计算出被测物含量的方法。

溶液的 pH 值一般都使用直接电位法进行测定。直接电位法测定 pH 值所使用的仪器称为酸度计(也称 pH 计)。下面主要介绍酸度计的工作原理、仪器结构和使用方法,以及利用酸度计测定溶液 pH 值的相关实验,同时对电位滴定法实验进行相关介绍。

6.2 酸度计

1. 酸度计的工作原理

在利用酸度计测定样品溶液的 pH 值时,将酸度计的 pH 玻璃电极(指示电极)、甘汞电极(参比电极)(目前商品化的酸度计是将玻璃电极和甘汞电极制成一个复合电极)插入待侧溶液中组成化学原电池,在零电流的条件下测量电池的电动势。根据 pH 实用定义有

$$pH_x = pH_s + \frac{(E_s - E_x)}{RT/F}$$

式中,pH_x 和 E_x ——待测定样品的 pH 值和测得的电动势;

pH$_s$ 和 E_s——标准缓冲溶液的 pH 值和测得的电动势。

用标准 pH 缓冲溶液校正酸度计后,酸度计直接给出被测溶液的 pH 值。

质量好的酸度计测量电位的精度达±0.1 mV,测量 pH 值的精度可达±0.002pH。

2.酸度计的构造

酸度计构造如图 6-1 所示。多数酸度计使用的复合电极是由 pH 玻璃电极与甘汞电极组成的,玻璃电极作为测量电极,甘汞电极作为参比电极。复合电极电动势的变化正比于被测溶液 pH 值的变化。仪器经标准缓冲溶液校准后,即可测量溶液的 pH 值。

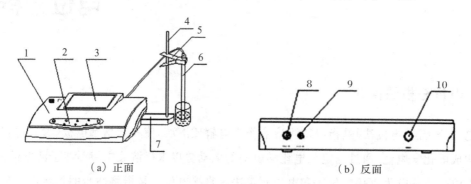

(a)正面　　　　　　　　　　　(b)反面

1—机箱;2—键盘;3—显示屏;4—电极梗;5—电极夹;6—电极;

7—电极梗固定器;8—测量电极插座;9—参比电极接口;10—电源插座。

图 6-1　酸度计基本构造

3.酸度计的使用方法

利用酸度计既可以测定溶液的 pH 值,又可以测定溶液的电位。尽管不同仪器型号的具体操作过程会有所不同,但基本操作原理是一样的。下面给出的是用酸度计测定溶液 pH 值和电位的基本操作过程。

1)pH 值的测定操作

(1)将复合电极固定在电极架上,并按要求接入仪器的相应接口中,将选择开关拨至"pH"档,并将仪器的"温度"旋钮旋至待测溶液的温度。

(2)接通电源,仪器预热 20 min 左右。

(3)将电极浸入一标准缓冲溶液(如 pH=6.8 的 0.025 mol/L KH$_2$PO$_4$+0.025 mol/L Na$_2$HPO$_4$ 溶液)中,按下"测量"按钮,调节"定位"旋钮,使显示器显示该标准缓冲溶液在测量温度下的标准 pH 值。

(4)再按一次"测量"按钮使其断开,将电极取出,用蒸馏水冲洗,用吸水纸吸干后插入另一标准缓冲溶液中(如 pH=4.0 的 0.0533 mol/L 邻苯二甲酸氢钾缓冲溶液),重新按下"测量"按钮,用"斜率"旋钮调节至该标准缓冲溶液在测量温度下的标准 pH 值。

(5)反复进行(3)、(4)两步,直至仪器不用调节就可以准确显示两个标准缓冲溶液的 pH

值。以后所有的测量中均不再用调节"定位"和"斜率"旋钮。

(6)关闭"测量"按钮,将电极取出,用去离子水冲洗,用吸水纸吸干后插入待测溶液中,按下"测量"按钮,此时的读数便是该待测溶液的pH值。

(7)测量结束后,关闭"测量"按钮,关闭电源开关。取出电极,用去离子水洗净,按电极保养要求放置于合适的地方。

2)电位的测量过程

(1)将仪器选择开关拨至"mV"挡,按要求接上相关电极,接通电源。

(2)将电极插入待测溶液中,按下"测量"按钮,所显示的数值便是该指示电极所响应的待测溶液的电位值。

(3)测量结束后,关闭"测量"按钮,关闭电源开关。取出电极,用去离子水洗净,按电极保养要求放置于合适的地方。

6.3　ZD-2型自动电位滴定仪

ZD-2型自动电位滴定仪如图6-2所示,它是由滴定装置和自动电位滴定计两部分组成的。

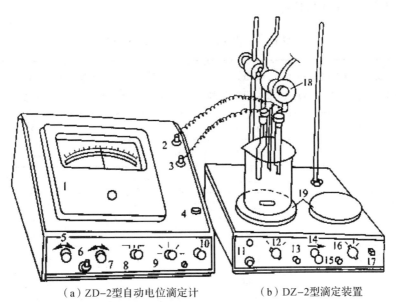

(a) ZD-2型自动电位滴定计　　　(b) DZ-2型滴定装置

1—指示电表;2—玻璃电极插孔(−);3—甘汞电极接线柱(+);4—读数开关;5—控制调节器;6—滴定开关;7—预定终点调节器;8—选择器;9—温度补偿调节;10—校正器;11—搅拌开关及指示灯;12—电磁阀选择开关;13—滴定指示灯;14—搅拌转速调节器;15—终点指示灯;16—工作开关;17—滴定开始按键;18—电磁阀;19—磁力搅拌器。

图6-2　ZD-2型自动电位滴定仪

6.4 电位分析法实验

6.4.1 电位法测定水溶液的pH值

在生产实践和科学研究中经常会碰到测定pH值的问题。利用电位法测定pH值是较为精确的pH值测量方法。利用电位法测定pH值时,使用的仪器是酸度计(或称pH计)。

1. 实验目的

(1) 掌握直接电位法测定溶液pH值的原理。

(2) 掌握酸度计测定pH值的操作方法。

(3) 了解常用的标准缓冲溶液。

2. 实验原理

测量时,首先用酸度计对pH值已知的标准缓冲溶液进行测量定位,然后再在相同条件下测量被测溶液的pH值。

常用的几种标准缓冲溶液的pH值见表6-1。注意测量时所选的标准缓冲溶液的pH值应与待测定溶液的pH值接近。

表6-1 常用标准缓冲溶液的pH值

温度/℃	0.05 mol/L 草酸氢钾	酒石酸氢钾 (25 ℃,饱和)	0.05 mol/L 邻苯二甲酸氢钾	0.025 mol/L 磷酸二氢钾+ 0.025 mol/L 磷酸氢二钠	0.01 mol/L 四硼酸钠	氢氧化钙 (25 ℃,饱和)
10	1.670	—	3.998	6.923	9.332	13.003
15	1.670	—	4.000	6.900	9.270	—
20	1.675	—	4.002	6.881	9.225	12.627
25	1.679	3.557	4.008	6.865	9.180	12.454
30	1.683	3.552	4.015	6.853	9.139	12.289
35	1.688	3.549	4.024	6.844	9.102	12.133
40	1.694	3.547	4.035	6.838	9.068	11.984

3. 实验仪器和设备

(1) pHS-3B型酸度计(配有复合电极)。

(2) 电磁搅拌器。

(3) 广泛pH试纸。

(4) 其他一般实验室常用仪器和设备。

4.试剂

(1)标准缓冲溶液。

(4)pH 未知的待测溶液。

5.实验步骤

(1)溶液 pH 值的粗测:将酸度计置于"pH"挡,温度调节旋钮调至"室温"。用 pH 试纸粗测待测溶液的 pH 值。

(2)从表 6-1 中选择与待测溶液 pH 值接近的标准缓冲溶液,先用酸度计测量标准缓冲溶液的 pH 值并进行定位(测量方法见 6.2),然后再将定位好的酸度计复合电极插入待测溶液中进行测量。

6.思考题

(1)pH 的理论定义和实用定义各指的是什么?

(2)在 pH 计上显示的 pH 值与电位 mV 之间有何定量关系?

6.4.2 土壤 pH 值的测定

1.实验目的

(1)掌握直接电位法测定不同土壤 pH 值的方法。

(2)了解土壤水浸 pH 值和盐浸 pH 值的测定方法。

2.实验原理

将酸度计的复合电极先插入标准缓冲溶液中进行定位,再插入土壤悬液或浸出液中测定土壤的 pH 值。

水土比例对土壤 pH 值测定结果的影响较大,尤其对于石灰性土壤稀释效应的影响更为显著。本方法中水土比为 2.5∶1。对于酸性土壤,除测定水浸土壤 pH 值外,还应测定盐浸 pH 值,即以 1 mol/L KCl 溶液浸提土壤后用酸度计测定。

3.实验仪器和设备

(1)pHS-3B 型酸度计(配有复合电极)。

(2)电磁搅拌器。

(3)广泛 pH 试纸。

(4)其他一般实验室常用仪器和设备。

4.试剂

(1)无 CO_2 水:将去离子水煮沸 10 min 后加盖冷却,立即使用。

(2)1 mol/L KCl 溶液:称取 74.6 g KCl 溶于 800 mL 水中,用 0.1 mol/LKOH 和 0.1 mol/L HCl 调节溶液 pH 值为 5.5~6.0,稀释至 1 L。

(3)pH 值为 4.008 的 0.05 mol/L 邻苯二甲酸氢钾标准缓冲溶液(见表 6-1)。

(4)pH 值为 6.865 的 0.025 mol/L 磷酸二氢钾＋0.025 mol/L 磷酸氢二钠标准缓冲溶液(见表 6-1)。

(5)pH 值为 9.180 的 0.01 mol/L 四硼酸钠标准缓冲溶液(见表 6-1)。

5. 实验步骤

(1)酸度计的校准。将待测溶液与标准缓冲溶液调到同一温度,并将温度补偿器调到该温度值。用标准缓冲溶液校正仪器时,先将复合电极插入与所测溶液 pH 值相差不超过 2 个 pH 单位的标准缓冲溶液中,启动读数开关,调节定位器读数使之刚好为标准溶液的 pH 值,反复几次至读数稳定。取出电极洗净,用滤纸条吸干水分,再插入第二个标准缓冲溶液中,测定值与标准溶液实际 pH 值之间允许偏差小于 0.05 个 pH 单位。如超过则应检查仪器电极或标准缓冲溶液是否有问题。仪器校准无误后,即可用于样品的测定。

(2)土壤水浸液 pH 值的测定。称取通过 2 mm 筛过滤的风干土壤 10.0 g 于 50 mL 烧杯中,加入 25 mL 无 CO_2 水,以搅拌器搅拌 1 min,放置 30 min 后测定。将酸度计的复合电极插入土壤水浸液中(注意:玻璃电极球泡下部应位于土液界面处),轻轻摇动烧杯以去除电极上的水膜,静置片刻,按下读数开关,待读数稳定(在 5 s 内 pH 值变化不超过 0.02)时记下 pH 值。

放开读数开关,取出电极,以水洗涤后用滤纸吸干水分后进行下一个样品的测定。每测定 5～6 个样品后需用标准缓冲溶液定位。

(3)土壤氯化钾浸提液 pH 值的测定。当土壤水浸液 pH<7 时,应测定土壤盐浸提液的 pH 值。测定方法除用 1 mol/L KCl 代替无 CO_2 水外,其余步骤与水浸液 pH 值测定相同。

6. 注意事项

(1)pH 计读数时摇动烧杯会使读数偏低,应在摇动后稍加静止再读数。

(2)操作过程中避免酸碱蒸气侵入。

(3)至少使用两种 pH 标准缓冲溶液进行 pH 计的校正。

(4)测定批量样品时,将 pH 值相差大的样品分开测定,可避免因电极响应迟钝而造成的测定误差。

6.4.3 电位滴定法测定水中氯离子

测定氯离子的方法较多。在第 2 章里已介绍过用硝酸银滴定法测定水中氯离子。除了该方法外,常用的测定水中氯离子的方法还有离子色谱法、电位滴定法等其他方法。其中离子色谱法是目前国内外最为通用的方法,简便快速。电位滴定法适合于测定带色或污染的水样。

1. 实验目的

(1)掌握电位滴定法测定氯离子的测定原理。

(2)学习电位滴定法的测定方法。

2. 实验原理

以氯电极为指示电极,以玻璃电极或双液接参比电极为参比电极,以待测液作为电解质溶液构成原电池,用硝酸银标准溶液滴定待测液,用毫伏计测定滴定过程中两电极之间的电位变化。在用硝酸银滴定过程中,电位变化最大时仪器的读数即为滴定终点。

3. 实验仪器和设备

(1)指示电极:氯离子选择电极。

(2)参比电极:玻璃电极或双液接参比电极。

(3)电位计。

(4)电磁搅拌器。

(5)25 mL 棕色酸式滴定管。

(6)容量瓶、锥形瓶、移液管。

(7)万分之一电子天平。

(8)其他一般实验室常用仪器和设备。

4. 试剂

(1)0.0141 mol/L NaCl 标准溶液:将 NaCl(基准试剂)置于 105 ℃烘箱中烘干 2 h,在干燥器中冷却后称取 0.8240 g,溶于蒸馏水,在容量瓶中稀释至 1000 mL,摇匀。此溶液每毫升含 500 μg 氯离子。

(2)0.0141 mol/L $AgNO_3$ 溶液:将 2.3950 g $AgNO_3$(于 105 ℃烘干半小时)溶于水,加 2 mL 浓硝酸,在容量瓶中稀释至 1000 mL,摇匀,贮存于棕色瓶中。用氯化钠标准溶液进行标定。

(3)浓硝酸。

(4)(1+1)硫酸。

(5)30%过氧化氢。

(6)1 mol/L NaOH 溶液。

5. 实验步骤

1)标定 $AgNO_3$ 标准溶液

(1)移取 10.00 mL NaCl 标准溶液于 250 mL 烧杯中,加入 2 mL 硝酸,稀释至 100 mL。

(2)放入搅拌子,将烧杯放在电磁搅拌器上,使电极浸入溶液中,开启搅拌器,在中速搅拌(不溅失、无气泡)下,每次加入一定量硝酸银标准溶液,每加一次,记录一次平衡电位值。

(3)开始时,每次加入硝酸银标准溶液的量可以大一些再记录。接近终点时,则每次加入 0.1 mL 或 0.2 mL,并使间隔时间稍大一些,以便电极达到平衡得到准确终点。在逐次加入硝酸银标准溶液的过程中,仪器读数变化最大一点即为终点。

(4)根据绘制的微分滴定曲线的拐点,或者用二次微分法(二次微分为零)确定滴定终点,然后计算出硝酸银标准溶液的浓度。

2)水样的测定

(1)若为较清洁水样,取适量(氯化物含量不超过 10 mg)置于烧杯中,加硝酸使 pH 值为 3~5,稀释至 100 mL。按标定硝酸银方法(2)~(4)进行电位滴定。

(2)水样中含有机物、氰化物、亚硫酸盐或者其他干扰物,可于 100 mL 水样中加入 (1+1)硫酸使水样呈酸性(pH 值为 3~4),然后加入 3 mL 过氧化氢煮沸 15 min,并经常添加蒸馏水标尺溶液体积在 50 mL 以上。加入氢氧化钠溶液使呈碱性,再煮沸 5 min,冷却后过滤,用水洗涤沉淀和滤纸,洗涤液和滤液定容后供测定用。

(3)取适量经预处理的水样(氯化物含量不超过 10 mg)置于烧杯中,加硝酸使 pH 值为 3~5,稀释至 100 mL。按标定硝酸银方法(2)~(4)进行电位滴定。

3)空白实验

取 100.00 mL 蒸馏水于 250 mL 锥形瓶中,与水样的测定步骤相同进行空白实验。

6. 原始数据记录

由表 6-2 中的实验数据绘制 E-V 曲线,确定终点时消耗的 $AgNO_3$ 体积,计算 $AgNO_3$ 溶液的浓度。

表 6-2　$AgNO_3$ 标准溶液的标定记录表　　　　　　　　　　年　月　日

指标	数值					
V_1/ mL						……
E_1/mV						……

注:V_1 为标定 $AgNO_3$ 时,$AgNO_3$ 溶液的消耗量,mL;E_1 为加入 $AgNO_3$ 时,测得的相应电位值,mV。

由表 6-3 中的实验数据绘制 E-V 曲线,确定滴定水样至终点时消耗的 $AgNO_3$ 体积。

表 6-3　水样的测定记录表　　　　　　　　　　年　月　日

指标	数值				
V_2/ mL					
E_2/mV					

注:V_2 为滴定水样时,$AgNO_3$ 溶液的消耗量,mL;E_2 为加入 $AgNO_3$ 时,测得的相应电位值,mV。

由表 6-4 中的实验数据绘制 E-V 曲线,确定滴定空白消耗的 $AgNO_3$ 体积。

表6-4 空白滴定记录表　　　　　　　　　　　　　　　　年　月　日

指标	数值				
V_3/mL					
E_3/mV					

注：V_3为滴定空白时，$AgNO_3$溶液的消耗量，mL；E_3为加入$AgNO_3$进行滴定时，测得的相应电位值，mV。

7. 结果计算

(1) $AgNO_3$标准溶液的浓度：

$$c_{AgNO_3} = \frac{0.0141000 \times 10}{V_1}$$

(2) 水中Cl^-浓度：

$$c\,Cl^-\,(mg/L) = \frac{c_{AgNO_3} \times (V_2 - V_3) \times 35.45 \times 1000}{V_{水样}}$$

式中：$V_{水样}$——所取水样的体积，mL。

8. 干扰及消除

(1) 溴化物、碘化物与银离子会形成溶解度很小的化合物而干扰测定，应预先去除。

(2) 氰化物为电极干扰物质，高铁氰化物会使结果偏高。

(3) 六价铬应预先还原成三价铬，或者预先去除。

9. 注意事项

(1) 由于是沉淀反应，故必须经常检查电极表面是否被沉淀沾污，并及时清洗干净。

(2) 氯电极有光敏作用，硝酸银易被还原成黑色银粉，即受强热或阳光照射时逐渐分解所致，故应在避光处测定。

10. 思考题

(1) 如何用二次微商法计算计量点时消耗的滴定剂体积？

(2) 为什么要进行空白实验？

6.4.4 电位滴定法测定沸石的阳离子交换容量

沸石是一族含水的架状结构铝硅酸盐，是一种常用的非金属矿物。阳离子交换容量(cation exchange capacity, CEC, mmol/100 g)是评价沸石的一个重要技术指标，反映了沸石选择性交换阳离子的能力。沸石阳离子交换容量的测定方法一般有蒸馏法和甲醛法两种，本方法采用pH计指示电位滴定法测定沸石的阳离子交换容量，具有灵敏度高、操作方便、准确度好等特点。

1. 实验目的

(1) 了解阳离子交换容量的内涵和测定原理。

(2) 掌握 pH 计指示电位滴定测定方法。

2. 实验原理

沸石中阳离子交换容量测定原理是将试样先用 1 mol/L 的氯化铵溶液煮沸,过滤,用去离子水洗去多余的氯化铵;再与 1 mol/L 的氯化钾溶液作用,将交换的铵离子置换出来;然后加入甲醛溶液,被置换出来的铵离子与甲醛作用产生盐酸和六次甲基四铵,用氢氧化钠溶液滴定 H^+,计算出沸石阳离子交换容量。如果采用容量法滴定低浓度的 H^+,当氢氧化钠滴定液浓度较低时,采用酚酞做指示剂指示终点的颜色突跃变化不明显,难以正确判断终点。而若预先用酚酞指示,并用 pH 计精确指示电位突跃以判断终点,则可以得到更加准确的结果。pH 计指示电位滴定装置如图 6-3 所示。

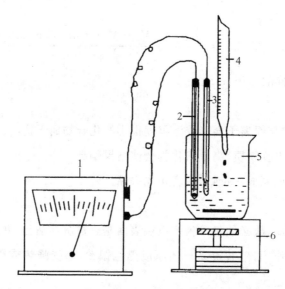

1—pH 计;2—甘汞电极;3—玻璃电极;4—碱式滴定管;5—反应烧杯;6—磁力搅拌器。

图 6-3　pH 计指示电位滴定装置

3. 实验仪器和设备

(1) PHS-3B 酸度计。

(2) 饱和甘汞电极、玻璃电极。

(3) 碱式滴定管、烧杯、容量瓶。

(4) 电磁搅拌水浴加热器。

(5) 真空抽滤装置。

(6) 其他一般实验室常用仪器和设备。

4. 试剂

(1) 1 mol/L 氯化铵溶液。

(2)1 mol/L 氯化钾溶液。

(3)(2+1)中性甲醛溶液:取 200 mL 甲醛溶液和 100 mL 去离子水,置于 500 mL 烧杯中搅拌均匀,加 3 滴 1 g/L 酚酞指示剂,用 0.1000 mol/L 氢氧化钠溶液中和至溶液呈微红色,再用 0.1 mol/L 盐酸溶液调节至微红色刚好褪色。

(4)0.1000 mol/L NaOH 溶液:用苯二甲酸氢钾标定。

(5)0.1 mol/L HCl 溶液。

(6)酚酞指示剂:1 g/L 乙醇溶液。

5.实验步骤

(1)离子交换。称取 0.2000 g 样品于 100 mL 烧杯中,加入 25 mL 1 mol/L 氯化铵溶液,置于电磁搅拌水浴加热器中反应 30 min,取出烧杯。

(2)置换反应。在抽滤装置中装入 7 cm 中速定量滤纸,润湿并加入少量滤纸浆,将烧杯中溶液和残渣全部转入滤纸,并多次洗涤烧杯壁和滤纸至无 Cl^-。将残渣连同滤纸浆一起用 1 mol/L KCl 溶液洗回原烧杯中(约 20 mL)。

(3)pH 计指示电位滴定。烧杯中加入 2.5 mL(2+1)中性甲醛溶液,加入 3 滴酚酞指示剂,用 0.1000 mol/L NaOH 溶液滴定至 pH=9.10 即为终点。记录消耗的 NaOH 溶液体积。

按以上实验步骤平行测定 3 次,结果记录在表 6-5 中。

6.原始数据记录

实验原始数据记录于表 6-5 中。

表 6-5　滴定结果记录表　　　　　　年　月　日

指标	测定次数		
	Ⅰ	Ⅱ	Ⅲ
$m_{沸石}$ / g			
V_{NaOH} / mL			

注:$m_{沸石}$ 为称取沸石样品的质量,g;V_{NaOH} 为消耗 NaOH 滴定液的体积,mL。

7.结果计算

根据下式计算阳离子交换容量:

$$\text{CEC}(\text{mmol}/100 \text{ g}) = \frac{c_{NaOH} V_{NaOH} \times 100}{m_{沸石}}$$

式中:c_{NaOH}——NaOH 滴定液的浓度,mol/L。

8.注意事项

(1)pH 计必须用三点校正液进行校正。

(2)检查洗液中有无 Cl^- 是确定未发生交换反应的过量氯化铵均已被去除的标准。方法是在黑色滴定板上加 1 mL 硝酸酸化了的 $AgNO_3$ 溶液,然后滴入数滴洗涤液,若无白色浑浊产生,表示 Cl^- 已洗尽。

9. 思考题

(1)沸石产生阳离子交换的原因是什么?

(2)过滤步骤时如果过多次洗涤会产生何种误差?

6.4.5 电位法测定卤化银的溶度积

1. 实验目的

(1)了解电位法测定难溶电解质溶度积的原理。

(2)掌握酸度计(电位仪)的使用方法。

2. 实验原理

电位法是测定难溶盐溶度积的常用方法之一。为测定卤化银的溶度积,设计原电池如下:

$$(-)Ag, AgX|X^-(c)\|KCl(饱和)|HgCl_2, Hg(+)$$

银-卤化银电极的电极电位可用下式表示:

$$\varphi_{AgX/Ag} = \varphi^{\ominus}_{AgX^+/Ag} - \frac{2.303RT}{F}\lg c_{X^-}$$

由于卤化银的溶度积 $K_{sp}=a_{Ag^+}+a_{X^-}$,代入上式得

$$\varphi_{Ag/AgCl} = \varphi^{\ominus}_{Ag/AgCl} - \frac{2.303RT}{F}\lg K_{sp} + \frac{2.303RT}{F}\lg c_{Ag^+}$$

电池的电动势为两电极电势之差:

$$\varphi_{左} = \varphi^{\ominus}_{Ag/AgCl} - \frac{2.303RT}{F}\lg K_{sp} + \frac{2.303RT}{F}\lg c_{Ag^+}$$

$$\varphi_{右} = \varphi^{\ominus}_{Ag/AgCl} - \frac{2.303RT}{F}\lg c_{Cl^-}$$

$$E = \varphi_{左} - \varphi_{右} = -\frac{2.303RT}{F}\lg K_{sp} + \frac{2.303RT}{F}\lg c_{Ag^+} \cdot c_{Cl^-}$$

整理后可得

$$\lg K_{sp} = -\frac{EF}{2.303RT} + \lg c_{Ag^+} \cdot c_{Cl^-}$$

若已知银离子和氯离子的活度,测定了电池的电动势值就能求出氯化银的溶度积。

因为 $\varphi_{甘汞}$ 和 $\varphi_{Agx/Ag}$ 在一定的温度下是一常数,所以 $E-\lg c_{X^-}$ 呈线性关系,因此可改变原电池体系中的 c_{X^-}(X^- 的浓度),测得相应的 E 值,然后以 $E-\lg c_{X^-}$ 作图,从直线在纵坐标上的截距求得溶度积 K_{sp}。

3. 实验仪器和设备

(1)PHS-3B 酸度计。

(2)饱和甘汞电极、银电极。

(3)移液管、烧杯、容量瓶。

(4)电磁搅拌器。

(5)万分之一电子分析天平。

(6)其他一般实验室常用仪器和设备。

4. 试剂

(1)KCl、KBr、KI 均为分析纯。

(2)0.1000 mol/L $AgNO_3$ 溶液。

(3)6 mol/L HNO_3 溶液。

5. 实验步骤

(1)溶液的配制。用 50 mL 容量瓶配制 0.2000 mol/L 的 KCl(或 KBr、KI)溶液。

(2)电极的活化。将银电极插入 6 mol/L HNO_3 溶液中,当银电极表面有气泡产生且呈银色时,将银电极取出,先用自来水冲洗,再用蒸馏水洗净,滤纸吸干备用。

(3)电位差的测定。将银电极和饱和甘汞电极安装在电极架上,银电极接负极,甘汞电极接正极。在 100 mL 干燥烧杯中,准确加入 50.00 mL 去离子水,再用吸量管移入 1.00 mL 0.2000 mol/L 的 KCl(或 KBr、KI)溶液,放入磁子并打开电磁搅拌器匀速搅拌,滴入 1 滴 0.1000 mol/L $AgNO_3$ 溶液,将电极放入该溶液中,测定其电位差 E。按上述方法重复多次加入 KCl(或 KBr、KI)溶液,计算相应的 $\lg c_{X^-}$ 并测定 E 值,将结果记录于表 6-5 中。

6. 原始数据记录

实验原始数据记录于表 6-6 中。

表 6-6 电位差测定记录表　　　　　　　年　月　日

指标	测定次数				
	Ⅰ	Ⅱ	Ⅲ	Ⅳ	Ⅴ
加入 X^- 的累计体积 / mL					
c_{X^-} / (mol·L^{-1})					
$\lg c_{X^-}$					
E / V					

7. 数据处理

以 E 为纵坐标,以 $\lg c_{X^-}$ 为横坐标做散点图,选取线性回归得到方程和趋势线,通过直线在纵坐标的上的截距求出 K_{sp}。

8. 注意事项

(1)在每次变换溶液时,应将两电极冲洗干净并轻轻擦干,以避免污染和误差。

(2)在实验过程中,每次加入溶液后,应确保搅拌均匀,以避免因搅拌不均匀而对测定结果产生影响。

9. 思考题

(1)测定中为什么需要将银电极接负极,将甘汞电极接正极?

(2)测定过程中,如果未将溶液搅拌均匀,对测定结果有无影响?

第 7 章

色谱法

7.1 色谱法简介

色谱法是分离、分析多组分混合物的有效方法。当流动相载带着待测混合物流过固定相时,由于待测物中不同组分在流动相和固定相之间的作用力不同,使得性质不同的组分随流动相移动的速度产生了差异,经过在两相间的多次反复分配后,各组分按一定的次序从色谱柱流出,得到分离。分离后的组分由流动相携带进入检测器,组分的物质信号被转换成电信号,并由记录仪记录为信号值随时间变化的曲线,即色谱图(也称流出曲线)。根据色谱图即可对不同组分进行定性定量分析。

根据流动相的不同,色谱法分为气相色谱法(gas chromatography, GC,流动相为气体)和液相色谱法(liquid chromatography, LC,流动相为液体)两类。与之相应的有气相色谱仪和液相色谱仪。两种色谱仪的基本分离和分析原理相似,但是在仪器结构和操作上有较大的差别。

7.2 气相色谱仪结构及操作步骤

7.2.1 仪器结构

图 7-1 为某种气相色谱仪外观图,包括色谱柱箱(色谱柱安装在其中)、控制部分、计算机主机、计算机显示器和键盘等。

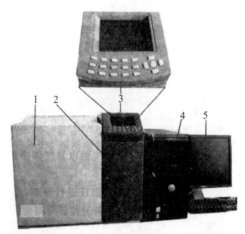

1—色谱柱箱（色谱柱安装在其中）；2—控制部分；3—控制部分键盘和显示屏；
4—计算机主机；5—计算机显示器及键盘。

图 7-1 气相色谱仪外观图

图 7-2 为气相色谱仪工作流程图。气相色谱仪由载气系统、进样系统、分离系统（色谱柱）、检测系统（检测器）和信号记录或微机数据处理系统（记录仪）五个主要部分构成。

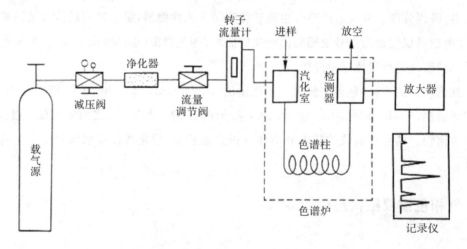

图 7-2 气相色谱仪工作流程图

1. 载气系统

载气系统的作用是提供流量稳定、纯净的载气以载带待测样流入色谱仪中。包括载气钢瓶、载气和控制计量装置。气相色谱仪中的气路是一个载气连续运行的密闭管路系统。整个载气系统要求载气纯净、密闭性好、流速稳定及流速测量准确。气相色谱法中常用的载气有氢气、氮气和氩气。

2. 进样系统

进样系统的作用是把待测试样（气体或液体样品）匀速而定量地加入到汽化室中瞬间气

化。常用的进样装置包括手动注射器(见图7-3)、自动进样装置(见图7-4)、进样阀等。

图7-3 手动进样器

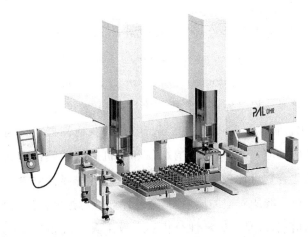

图7-4 自动进样装置

3.分离系统(色谱柱)

分离系统的作用是将多组分混合样品分离为单个组分。色谱柱是色谱仪的核心部件，待测样品中不同组分是否能被有效分离，取决于色谱柱效能的好坏。色谱柱分为填充柱(见图7-5)和毛细管柱(见图7-6)两类。填充柱柱体一般为不锈钢柱管，内径通常为2~4 mm，柱长通常为1~10 cm，形状有U型的和螺旋型的。毛细管柱多为玻璃柱或石英玻璃柱，内径为0.2~0.5 mm，长度一般为25~100 m。

图7-5 填充柱

图7-6 毛细管柱

在气相色谱分析中,色谱柱的选择是至关重要的。一般要根据被测组分的性质选择合适的色谱柱,有时还需考虑是否与检测器的性能匹配。分离复杂样品时,柱温选择程序升温。

4. 检测系统

检测系统的作用是把被色谱柱分离的样品组分根据其特性和含量转化成电信号,经放大后,由记录仪记录成色谱图。检测器是气相色谱法的关键部件。待测组分是否能被准确检测,取决于检测器性能的好坏。

气相色谱仪检测器包括热导池检测器(thermal conductivity cell detector,TCD)、氢火焰离子化化检测器(flame ionization detector,FID)、电子捕获检测器(electron capture detector,ECD)、火焰光度检测器(flame photometric detector,FPD)、质谱检测器(mass spectrometic detector,MSD)等。热导池检测器可检测所有物质,但灵敏度相对较低;氢火焰离子化检测器灵敏度高,是有机化合物检测常用的检测器。电子捕获检测器对含卤素、硫、氧、羰基、氨基等的化合物有很高的响应,广泛应用于有机氯和有机磷农药残留量的检测。火焰光度检测器对含硫和含磷的化合物有比较高的灵敏度和选择性,主要检测含硫或含磷农药。质谱检测器能够给出每个色谱峰所对应的质谱图,通过计算机对标准谱库的自动检索,可提供化合物结构分析的有用信息,故是 GC 定性分析的有效工具。气相色谱-质谱联用(gas chromatograph-mass spectrometer,GC－MS)分析,是将色谱的高分离能力与质谱的结构鉴定能力结合在一起的联用技术。

5. 信号记录或微机数据处理系统

近年来气相色谱仪主要采用电脑及相应的处理软件处理色谱数据,并在电脑屏幕上给出获得的色谱图－(包括保留时间和峰面积等数据)。

7.2.2 分析流程

载气由高压钢瓶中流出,经过减压阀减压到所需压力后,通过净化干燥管使载气净化,再经稳压阀和转子流量计后,以稳定的压力、恒定的速度流经汽化室,同时待测样品由进样器注入汽化室并在瞬间汽化后与载气混合,在载气的载带作用下试样气体进入色谱柱中进行分离。分离后的各组分按先后不同顺序流入检测器,检测器将物质的浓度或质量转变为电信号,经放大后在记录仪上记录下来,得到色谱图(流出曲线)。

色谱图上的每个色谱峰都代表一个组分。根据色谱图上色谱峰的保留时间(出峰时间),可以进行定性分析。根据峰面积或峰高的大小,可以进行定量分析。

7.2.3 操作步骤(以气相色谱仪 6890n 为例)

1. 开机

(1) 打开载气 N_2 气瓶,打开氢气、空气发生器。注意检查气体发生器的排空阀是否拧紧。

(2)打开计算机,进入联机工作站。

(3)打开 6890n GC 主机电源开关。

2. 数据采集方法编辑

(1)方法编辑。从"方法"菜单中选择"编辑完整方法"项,选择前两项,点击"确定"。

(2)方法信息。在"方法注释"中输入方法的信息(如测试方法),点击"确定"。

(3)进样器设置。在"选择进样源/置"界面中选择"手动",并根据需要选择所用的进样口的物理位置(前或后或两个),点击"应用"。

(4)填充柱进样口参数设定。点击"进样口"图标进入进样口设定画面。点击"应用"上方的下拉式箭头,选中进样口的位置选项(前或后)。

点击"载气"右方的下拉式箭头,选择"N_2"。

点击"模式"右方的下拉式箭头,选择进样方式为"不分流"(或"分流"),在"设定值"下方的空白框内输入进样口温度,然后点中加热器,输入温度、分流比,自动计算得出总流量与分流流量;

在"分流口吹扫流量"右边的空白框内输入吹扫流量和时间(如 60 mL/min 和 0.75 min),点击"应用"。

(5)色谱柱参数设定。点击"色谱柱"图标,在"色谱柱"下方选择柱 1 或柱 2,然后依次点击"改变""添加""增量""确定",从柱子库中选择试验所需的柱子,则该柱子的最大耐高温及液膜厚度显示在窗口下方,点击"确定",再点击"安装为色谱柱 1"或"安装为色谱柱 2"。选择合适的模式(填充柱不定义),恒压或恒流模式;选择实际的进样口物理位置(前或后)和检测器的物理位置(前或后);选择合适的压力、流速和线速度(三者只输入一个即可),点击"应用"。

(6)柱温箱参数设定。点击"柱箱"图标,根据样品需要输入初始温度,点击"打开"左边的方框,柱箱配置的参数保持不变。如有需要可以设定程序升温,点击"应用"。

(7)参数设定。

FID 检测器参数设定:

①点击"检测器"图标,进入检测器参数设定。点击"应用"上方的下拉式箭头,选择检测器的位置(前或后)。

②在"设定值"下方的空白框内输入各参数,如 H_2:35 mL/min;空气:350 mL/min;检测器温度:300 ℃;辅助气 N_2:25 mL/min。并选中"打开"下面除"恒定柱流量和尾吹气流量"选项的所有参数,点击"应用"。

TCD 检测器参数设定:

①点击"检测器"图标,进入检测器参数设定。点击"应用"上方的下拉式箭头,选中检测器的位置选项(前或后)。

②在"设定值"右方的空白框内输入检测器温度(如 300 ℃),辅助气流量为 40 mL/min〔或辅助气及柱流量的和为恒定值(如 40 mL/min),当程序升温时,柱流量变化,仪器会相应调整辅助气的流量,使到达检测器的总流量不变〕,并选择辅助气体的类型(如 N_2),选中"打开"下面相应参数。

③选中"灯丝",编辑完,点击"应用"。

④负极性由被测物质与载气的热传导性决定;

⑤根据需要输入气流流量值。

注:前检测器为 FID,后检测器为 TCD。

(8)信号参数设定。

①点击"信号"图标,进入信号参数设定界面。

②在信号 1 或信号 2 处选择"检测器",在"信号源"处选择自己所用的检测器(前或后);

③选择"保存数据",并选择"全部",表示储存所有数据。

④点击"应用"和"确定";

(9)保存建立好的新方法,输入方法名,点击"OK"。

(10)若使用手动进样,则进入"运行控制"界面,在"样品信息"中输入操作者姓名,在数据文件中选择"手动"或"前缀";若使用自动进样器则点击"序列",设定"序列参数",再在"序列表"中填入各项信息,选择自己所需要的方法名称,输入完毕后点击"运行序列"开始走样。

3. 数据分析方法编辑

(1)从"视图"菜单中,点击"数据分析"进入数据分析界面,或直接点击左侧的"数据分析"。

(2)从"文件"菜单中选择"调用信号"选项,选中自己的文件名,点击"确定",则数据被调出。

(3)谱图优化。从"图形"菜单中选择"信号选项",从"范围"中选择"满量程"或"自动量程"及合适的显示时间或选择"自定义量程",手动输入坐标范围进行调整,反复进行,直到图的显示比例合适为止,点击"确定"。

(4)积分参数优化。从"积分"菜单中选择"积分事件",选择合适的"斜率灵敏度""峰宽""最小峰面积""最小峰高度"。从"积分"菜单中选择"积分"选项,则数据被重新积分。点击左边"√"图标,将积分结果存入方法。

4. 关机

(1)调用关机方法:从"方法"菜单中选择"调用方法",再选择"shutdown. M";

(2)等柱温箱、进样口温度均降到 90°以下,方可关机;

(3)关闭气体发生器并排气;

(4)关闭气瓶;

(5)关闭稳压电源。

7.3 液相色谱仪结构及操作步骤

7.3.1 仪器结构

图 7-7 为某种液相色谱仪外观图,液相色谱仪系统包括高压输液泵、进样阀、色谱柱、检测器、色谱软件模数转换器、计算机主机、计算机显示器和键盘。

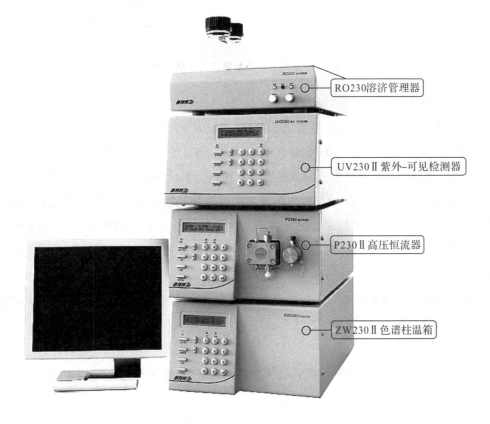

图 7-7　液相色谱仪外观图

图 7-8 为高效液相色谱仪(high performance liquid chromatograph,HPLC)工作流程图。高效液相色谱仪由高压输液系统、进样系统、分离系统(色谱柱)、检测系统(检测器)和信号记录系统五个主要部分构成。

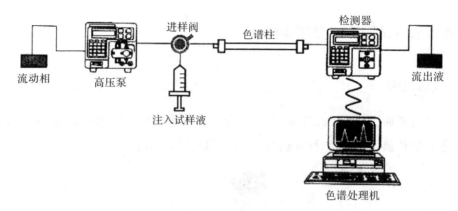

图 7-8 高效液相色谱仪工作流程图

1. 高压输液系统

高压输液系统的主要作用提供恒定的高压,使流动相(即载液)以一定的流量通过固定相。高压输液系统由贮液瓶(用以盛放流动相)、高压泵、脱气装置和梯度洗脱装置构成,其核心部件是高压泵,一般使用不锈钢和聚四氟乙烯作为泵的材质。

梯度洗脱(gradient elution)又称为梯度淋洗或程序洗脱。在利用液相色谱法分析组分复杂的样品时多采用梯度洗脱的方法。梯度洗脱是指在一个分析周期内,按一定程序不断改变流动相的浓度配比,从而可以使一个复杂样品中的性质差异较大的组分能得到良好的分离。

高压梯度装置一般由两台(或多台)高压输液泵、梯度程序控制器(或计算机及接口板控制)、混合器等部件所组成。

2. 进样系统

高效液相色谱中,一般采用旋转式高压六通阀进样,进样原理如图 7-9 所示。

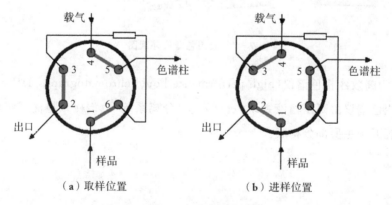

图 7-9 六通阀进样示意图

3.分离系统(色谱柱)

分离系统(色谱柱)是高效液相色谱的核心部件,包括柱管和固定相两部分。柱管一般采用不锈钢管等材质。一般的液相色谱柱柱长为 10～25 cm,内径为 4～5 mm,固定相粒径为 3～5 μm(见图 7-10)。

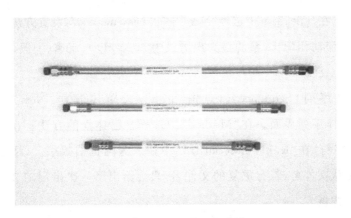

图 7-10　高效液相色谱柱

4.检测系统(检测器)

高效液相色谱常用的检测器有紫外检测器、二极管阵列检测器、示差折光检测器、荧光检测器和质谱检测器。二极管阵列检测器对大部分有机化合物有响应;荧光检测器可以检测产生荧光的物质,如多环芳烃、维生素 B、农药、氨基酸等。

5.信号记录系统

近年来气相色谱仪主要采用电脑及相应的处理软件处理色谱数据,并在电脑屏幕上给出获得的色谱图(包括保留时间和峰面积等数据)。

7.3.2　分析流程

贮液器中的流动相被高压泵打入系统,样品溶液经进样器进入流动相,被流动相载入色谱柱(固定相)内,由于样品溶液中的各组分在两相中具有不同的分配系数,在两相中做相对运动时,经过反复多次的吸附-解吸的分配过程,各组分在移动速度上产生较大的差别,被分离成单个组分依次从柱内流出,通过检测器时,样品浓度被转换成电信号传送到记录仪中,数据以色谱图形式显示出来。

7.3.3　操作步骤(以高效液相色谱仪 LC-2000 为例)

1.开机

(1)将待测样品按要求进行前处理,准备 HPLC 所需流动相并超声脱气,检查线路是否连接完好。

(2)打开检测器电源开关,待显示"OK"后打开泵电源及进样器开关,待检测器、泵、进样器显示稳定后,打开连接开关。

(3)打开计算机,点击桌面上的"Chrompass"程序,进入程序主界面。

2.编辑方法及样品分析

(1)建立方法。在"File"菜单中选择"New"中的"New method",设置方法信息,包括分析时间、紫外吸收波长、流动相配比(泵的最大压力设为 30.0 kPa)、流速(一般设 0~2 mL/min),保存方法。

(2)建立样品序列(Sequence)。点击"File",选择其下方"New"选项中的"New sequence",进入进样序列界面。在"Method"中选择自己建立的方法。在"RunName(Prefix)"中输入英文字符,在"RunName(Suffix)"中输入为阿拉伯数字。(注意文件名不能相同,因为程序只承认文件名,若有重复的文件名,只会给出第一次出现的文件名的结果);输入样品瓶位置、进样量。

(3)走基线。进样前必须先走基线。点击"Acquision",选择"Monitoring Baseline"直至基线走平(吸光度稳定在 0 值附近,呈一直线)。

(4)进样。打开进样序列界面,点击"File",选择"Open"选项中的"Open sequence",选择序列名称(如 Nap.SEQU),在进样瓶所对应序号"Enabled"处打钩,点击"Start"图标,开始进样。

3.数据分析

(1)从"File"菜单中,选择"Open"选项中的"Open Chrompass",进入数据分析界面。

(2)选择需要分析的文件名,点击"Open",进入谱图界面。点击界面右上方的"results",在色谱图下方显示每个色谱峰信息。

4.关机

(1)冲洗色谱柱。样品测完后需要冲洗系统和色谱柱,先用一定比例的甲醇水溶液冲洗 20 个柱体积,约 30 min 左右至压力下降至稳定值。

(2)在程序主界面 Systems 中点击关闭泵。

(3)关机。依次关闭计算机、连机器、检测器、进样器、泵。

7.4 离子色谱仪结构及操作步骤

7.4.1 仪器结构

图 7-11 为某种离子色谱仪的外观图。离子色谱仪由淋洗液系统、色谱泵系统、进样系

统、流路系统、分离系统、化学抑制系统、检测系统和数据处理系统等组成。

图 7-11　离子色谱仪外观图

图 7-12 为离子色谱仪的工作流程图。离子色谱仪由淋洗液输送装置、进样装置、离子交换单元、抑制型电导检测池和数据采集及仪器控制单元五个部分构成。

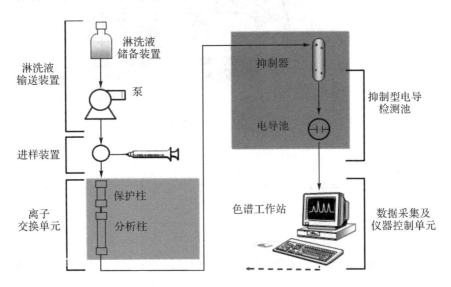

图 7-12　离子色谱仪工作流程图

1. 淋洗液系统

离子色谱仪常用的分析模式为离子交换电导检测模式,主要用于阴离子和阳离子的分析。常用阴离子分析淋洗液有 OH^- 体系和碳酸盐体系等,常用阳离子分析淋洗液有甲烷磺酸体系和草酸体系等。淋洗液的一致性是保证分析重现性的基本条件。为保证同一次分析过程中淋洗液的一致性,在淋洗液系统中加装淋洗液保护装置,可以将进入淋洗液瓶的空气中的有害部分吸附和过滤,如 CO_2 和 H_2O 等。

2. 色谱泵系统

(1)材质。离子色谱的淋洗液为酸、碱溶液,与金属接触会对其产生化学腐蚀。如果选择不锈钢泵头,腐蚀会导致色谱泵漏液、流量稳定性差和色谱柱寿命缩短等。离子色谱泵头应选择全聚醚醚酮(polyetheretherketone,PEEK)材质(色谱柱正常使用压力一般小于 20 MPa)。

(2)类型。①单柱塞泵;②串联双柱塞泵;③并联双柱塞泵。

(3)压力脉动消除方式。①电子脉动抑制;②脉冲阻尼器。

色谱泵系统如图 7-13 所示。

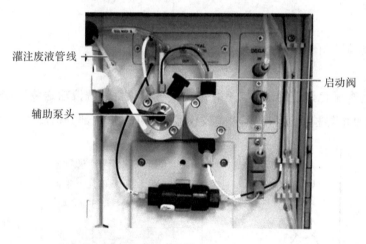

图 7-13 色谱泵系统

3. 进样系统

进样系统是将常压状态的样品切换到高压状态下的部件。保证每次工作状态的重现性是提高分析重现性的重要途径。

1)进样阀

(1)材质。与色谱泵类似,选择全 PEEK 材质的进样阀才能保证仪器的寿命和分析结果的准确性。

(2)类型。①手动进样阀:进样一致性靠人为操作,系统集成性差;②电动进样阀:进样一致性较好,系统集成性高。

2)自动进样器

自动进样器的进样一致性最好,系统集成性最好。

4. 流路系统

流路系统采用色谱专用管路、接头及其他连接部件,保证全塑无污染溶出,保证材料的可靠性和使用寿命。

组成部件有 PEEK 管(高压区)、硅胶管(气路或处理废液用)、各种接头和连接配件。

5. 分离系统

分离系统是离子色谱的重要部件,也是主要耗材部分。

(1)预柱。顶柱又称在线过滤器,PEEK 材质,主要作用是保证去除颗粒杂质。

(2)保护柱。保护柱与分析柱填料相同,作用是消除样品中可能损坏分析柱填料的杂质。如果其与分析柱填料不一致,会导致死体积增大、峰扩散和分离度差等。

(3)分析柱。分析柱可有效分离样品组分。

6. 化学抑制系统

抑制系统是离子色谱的核心部件之一,主要作用是降低背景电导和提高检测灵敏度。抑制器的好坏关系到离子色谱的基线稳定性、重现性和灵敏度等关键指标。

1)柱-胶抑制

(1)采用固定短柱或现场填充抑制胶进行抑制,不同的抑制柱交替使用。柱-胶抑制属于间歇式抑制。

(2)采用离子交换膜,利用离子浓度渗透的原理进行抑制。

(3)需要配制硫酸再生液,系统需要配置氮气或动力装置。

2)电解自再生膜抑制

电解自再生膜抑制利用电解水产生媒介离子和离子配合交换膜进行抑制(最佳选择)。

7. 检测系统

离子色谱最基本和常用的检测器是电导检测器,其次是安培检测器。

1)电导检测器

电导检测器是基于极限摩尔电导率应用的检测器,主要用于检测无机阴阳离子、有机酸和有机胺等。

(1)双极脉冲检测器。在流路上设置两个电极,通过施加脉冲电压,在合适的时间读取电流,进行放大和显示,容易受到电极极化和双电层的影响。

(2)四极电导检测器。在流路上设置四个电极,在电路设计中维持两测量电极间电压恒定,不受负载电阻、电极间电阻和双电层电容变化的影响,具有电子抑制功能(阳离子检测支持直接电导检测模式)。

(3)五极电导检测器。在四极电导检测模式中加一个接地屏蔽电极,极大提高了测量稳定性,在高背景电导下仍能获得极低的噪声,具有电子抑制功能(阳离子检测支持直接电导检测模式)。

2)安培检测器

安培检测器是基于测量电解电流大小的检测器,主要用于检测具有氧化还原特性的物质。

(1)直流安培检测模式。主要用于抗坏血酸、溴、碘、氰、酚、硫化物、亚硫酸盐、儿茶酚胺、芳香族硝基化合物、芳香胺、尿酸和对二苯酚等物质的检测。

(2)脉冲安培检测模式。主要用于醇类、醛类、糖类、胺类(一二三元胺,包括氨基酸)、有机硫、硫醇、硫醚和硫脲等物质的检测,不可检测硫的氧化物。

(3)积分脉冲安培检测模式。为脉冲安培检测的升级检测模式,适用于检测脉冲安培检测的物质。

8. 数据处理系统

数据处理系统的作用是完成数据处理,联通仪器。

7.4.2 分析流程

离子色谱仪的基本流程是:高压输液泵将流动相以稳定的流速(或压力)输送至分析体系,在色谱柱之前通过进样器将样品导入,流动相将样品带入色谱柱,在色谱柱中各组分被分离,并依次随流动相流至检测器。抑制型离子色谱则在电导检测器之前增加一个抑制系统,即用另一个高压输液泵将再生液输送到抑制器,在抑制器中,流动相背景电导被降低,然后将流出物导入电导池,检测到的信号送至数据处理系统记录、处理或保存。非抑制型离子色谱仪不使用抑制器和输送再生液的高压泵,因此仪器结构相对比较简单,价格也相对比较便宜。

7.4.3 操作步骤(以离子色谱仪 ICS-900 为例)

1)测试前准备

(1)确认淋洗液贮量是否满足需要,即测完样后剩余量大于等于 100 mL。

(2)阴离子淋洗液浓度:4.5 mmol/L Na_2CO_3+0.8 mmol/L $NaHCO_3$ 溶液,建议先配制成浓缩母液,然后用母液稀释,以减少误差。

(3)阳离子淋洗液浓度:20 mmol/L 甲基磺酸(取 2.6 mL 优级纯甲基磺酸,用去离子水稀释至 2 L)淋洗液配好后,先摇匀,再真空抽滤后继续脱气 2 min 以上。然后沿壁缓缓倒入淋洗液瓶中。(阴离子淋洗液使用水微孔滤膜过滤;阳离子淋洗液一般无需过滤,若过滤需使用有机微孔滤膜过滤。)

(4)若仪器有超过一周以上未用,须拆下抑制器并活化抑制器。将抑制器上的四接口短接,即将淋洗液入口(ELUENTIN)与淋洗液出口(ELUENTOUT)用黑色直通接头短接、再生液入口(REGENIN)与再生液出口(REGENOUT)用灰色直通接头短接。从抑制器的淋洗液出口(ELUENTOUT)和再生液入口(REGENIN)分别接上专用的活化接头,用注射器分别注入 5 mL 以上的超纯水。

2)开机

(1)开启氮气瓶总开关,分压表调至 0.2 MPa 左右,淋洗液瓶上的压力表调至 5~10 psi (拔出黑色旋钮,顺时针调节至 5 psi,将黑色旋钮推回原位锁住,1 psi=6.895 kPa)。倒空废液桶中废液,防止其溢出。

(2)打开稳压电源开关,待稳压电源稳定后,再打开 ICS-900 主机电源开关。

(3)启动计算机。待计算机右下角"服务管理器"启动完毕,双击桌面"Chromeleon"图标,进入工作站,单击工作站左侧导航栏"仪器"进入仪器控制面板。

(4)确认室温是否在 15~30 ℃范围内,若不符,则需开空调,关好门窗,控制室温。

(5)排气泡。拉开主机的前盖,逆时针旋松泵头上的废液阀(约拧松 2 圈左右),然后按"灌注",排除泵头里残留的气泡。约 5 min 左右,按"关闭"停泵,然后旋紧泵头废液阀。注意不要拧得太紧,防止损坏密封圈。重新在"泵"模块中按"打开",压力上升至 1000 psi 时,开启抑制器的外加电源开关,待设置电流为 60 mA 左右(依分析方法而定,一般设定为 30 mA),将调节钮边上的锁扣向下锁定,将后面的功能开关拨向上方(拨向下方为泵对电源控制)。

3)编辑方法及样品分析

(1)进行基线采集,基线波动在 10 min 内小于 0.01 uS 方可进行进样。开泵约 30 min 左右,基线已平稳,且总电导和系统压力在正常范围内(阴离子 AS23 系统的总电导值应在 15~30 μS 范围内,总压力应在 1800±500 psi 内),停止基线的采集。

(2)点击"建立",选择"仪器方法",进入向导,输入"运行时间",点击"下一步"。设置泵流速,设置低压限和高压限,建议低压限设为 200 psi,高压限设为 3000 psi,点击"下一步"。选择进样方式:手动进样,选择进样时间:建议设成 60 s,点击"下一步"。选择路径输入方法名称后点击"保存"。

(3)建立序列文件(即样品表)。样品类型:标样选"校准标准品",纯水为"空白","未知"为待测样。"级别"显示数值为标准曲线的第几个点。然后选定仪器方法、处理方法、进样量、定容体积、稀释因子,保存。

(4)序列文件新建好后,再次核对调用的仪器方法是否为该样品的仪器方法。

(5)单击"就绪检查",进行测试前队列的最后检查。若就绪检查报告成功,则单击"开始",开始进样。

4)数据分析

(1)在主页面左侧选择"仪器数据",在浏览界面选择"样品表",当点击"样品表"后,在右边的工作区显示样品表中所有样品的信息。双击其中的一个标准,即可打开色谱工作区。

(2)在色谱工作区点击"检测",再点击"运行向导"。如果有水负峰,建议勾选"考虑塌陷峰"。用光标在色谱图上拉出一个积分区域,点"下一步"。在色谱图上点击一个最窄的峰,一般是第一个峰,点击"下一步"。在色谱图上点击一个面积最小的标准物质的峰,小于这个面积的峰都不积分,最小峰面积设置为所选峰峰面积的90%,点击"下一步",直接点击"完成"。

(3)点击"组分表"→"运行向导",输入峰名称,双击选择相对的窗口,窗宽处输入"5",点击"OK"→"F9"(或者右击,选择向下填充)。点击"进样列表"→"类型",选择标准。点击"等级"→"建立新等级",根据标准浓度的不同,建立相对应的等级,点击"数据处理"。右键单击表格列,光标将校准等级、校准类型和浓度单位托至顶,点击"确定",依次输入标准的浓度和浓度单位,双击"校准类型"进行多点校准。选择不过原点(Ignore Origin),点击"OK"→"F9"(或者右击,选择向下填充),数据处理完成,点击"保存"。查看校准曲线,点击"结果"和"校准曲线图"即可。点击"校准"可以查看线形相关系数 R^2、截距和斜率。最后点击"报告设计器",导出报告。

5)关机

(1)在系统上点击抑制器,使其关闭。
(2)待废液管不再出气泡时,在工作站中继续依次点击"crtc""ect""泵"以结束进程。
(3)将氮气总阀旋紧关闭。
(4)关闭计算机和仪器。

7.5 色谱法实验

7.5.1 气相色谱法测定苯系物

苯系物通常包括苯,甲苯,乙苯,邻、间、对位的二甲苯,异丙苯,苯乙烯八种化合物。除苯是已知的致癌物外,其他七种化合物对人体和水生生物均有不同程度的毒性。苯系物的工业污染源主要是石油、化工、炼焦生产的废水。同时,苯系物作为重要溶剂及生产原料有着广泛的应用,在油漆、农药、医药、有机化工等行业的废水中也有较高含量的苯系物。

1. 实验目的

(1)掌握气相色谱法原理。
(2)掌握溶剂萃取方法。
(3)学习气相色谱仪测定苯系物的操作方法。

2. 实验原理

用二硫化碳做萃取剂萃取水中的苯系物,取萃取液 5 μL 或 10 μL 注入分析色谱仪,用 FID 检测器检测。八种苯系物出峰顺序为:苯,甲苯,乙苯,对二甲苯,间二甲苯,邻二甲苯,异丙苯,苯乙烯。本实验以相对保留时间定性,以外标法定量。

3.实验仪器和设备

(1)配备有氢火焰离子化检测器的气相色谱仪(含色谱工作站)。

(2)10 μL 微量注射器。

(3)色谱柱。

(4)250 mL 分液漏斗。

(5)其他常用玻璃仪器。

4.试剂

(1)苯系物标准物质:苯、甲苯、乙苯、对二甲苯、间二甲苯、邻二甲苯、异丙苯、苯乙烯,均为色谱纯。

(2)苯系物标准贮备液:各取色谱纯的苯系物标准试剂溶于适量甲醇中,用蒸馏水配成浓度为 100 mg/L 的苯系物混合水溶液作为苯系物的贮备液。放于冰箱中保存,一周内有效。也可直接购买商品标准贮备液使用。

(3)二硫化碳:分析纯,在气相色谱仪中没有苯系物检出。

(4)氯化钠:优级纯。

(5)99.999% 高纯氮气。

5.实验步骤

1)色谱条件

色谱柱:长 3m,内径 4 mm 的螺旋型不锈钢管柱或玻璃色谱柱。柱填料:(3%有机皂土-101 白色担体):(2.5%DNP-101 白色担体)=35:65。(DNP, 2,4 - dinitrophenol, 2,4 -二硝基酚。)

温度:柱温 65 ℃,汽化室温度 200 ℃,检测器温度 150 ℃。

气体流量:氮气 40 mL/min,氢气 40 mL/min,空气:40 mL/min。应根据仪器型号选用最合适的气体流量。

检测器:FID。进样量:5 μL。

2)标准曲线的绘制

(1)取苯系物标准贮备液用蒸馏水配制成 1 mg/L、2 mg/L、4 mg/L、6 mg/L、8 mg/L、10 mg/L 浓度的标准系列溶液。

(2)各取 100.0 mL 不同浓度的系列标准溶液,分别置于 250 mL 分液漏斗中,加入 5 mL 二硫化碳,振摇 2 min 进行萃取,静置分层后,分离出有机相,用无水硫酸钠脱水,转入具塞刻度比色管中用二硫化碳定容至 5 mL。

(3)在规定的色谱条件下,取 5 μL 萃取液做色谱分析。以平均峰面积(A)为纵坐标,以组分浓度为横坐标作图,计算回归曲线方程和相关系数。

3)样品的测定

取 100.0 mL 待测水样置于 250 mL 分液漏斗中,按上述标准样品萃取方法及测定法进行萃取并测定。

4)标准色谱图

标准色谱图见图 7-14。组分出峰顺序为:苯、甲苯、乙苯、对二甲苯、间二甲苯、邻二甲苯、异丙苯、苯乙烯。

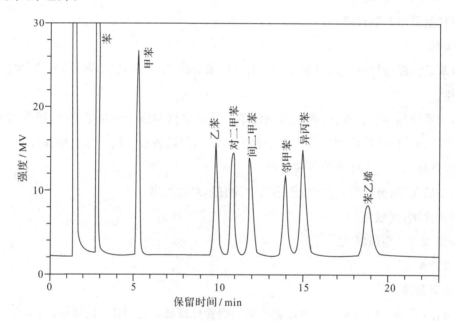

图 7-14 苯系物的标准色谱图

6. 原始数据记录

实验原始数据记录于表 7-1～表 7-9 中。

表 7-1 苯标准曲线的绘制记录表　　　　　　　　　　　　　　年　月　日

指标	苯标准溶液浓度/(mg·L^{-1})					
	20	40	80	120	160	200
苯峰面积(A)						

表 7-2 甲苯标准曲线的绘制记录表　　　　　　　　　　　　　年　月　日

指标	甲苯标准溶液浓度/(mg·L^{-1})					
	20	40	80	120	160	200
甲苯峰面积(A)						

表 7-3 乙苯标准曲线的绘制记录表 　　　　年　月　日

指标	乙苯标准溶液浓度/(mg·L^{-1})					
	20	40	80	120	160	200
乙苯峰面积(A)						

表 7-4 对二甲苯标准曲线的绘制记录表 　　　　年　月　日

指标	对二甲苯标准溶液浓度/(mg·L^{-1})					
	20	40	80	120	160	200
对二甲苯峰面积(A)						

表 7-5 间二甲苯标准曲线的绘制记录表 　　　　年　月　日

指标	间二甲苯标准溶液浓度/(mg·L^{-1})					
	20	40	80	120	160	200
间二甲苯峰面积(A)						

表 7-6 邻二甲苯标准曲线的绘制记录表 　　　　年　月　日

指标	邻二甲苯标准溶液浓度/(mg·L^{-1})					
	20	40	80	120	160	200
邻二甲苯峰面积(A)						

表 7-7 异丙苯标准曲线的绘制记录表 　　　　年　月　日

指标	异丙苯标准溶液浓度/(mg·L^{-1})					
	20	40	80	120	160	200
异丙苯峰面积(A)						

表 7-8 苯乙烯标准曲线的绘制记录表 　　　　年　月　日

指标	苯乙烯标准溶液浓度/(mg·L^{-1})					
	20	40	80	120	160	200
苯乙烯峰面积(A)						

表 7-9　水样测定结果记录表　　　　　　　　　　　　　　年　月　日

指标	物质							
	苯	甲苯	乙苯	对二甲苯	间二甲苯	邻二甲苯	异丙苯	苯乙烯
峰面积(A)								

7. 结果计算

以测定样品的峰面积在标准曲线上查出相应的浓度并按下式计算：

$$c_i = \frac{V_1 \times \rho_i}{V}$$

式中：c_i——水样中待测组分 i 的浓度，mg/L；

ρ_i——二硫化碳萃取液中组分 i 的浓度，mg/mL；

V_i——二硫化碳萃取液富集后的总体积，mL；

V——水样体积，mL；

8. 干扰及消除

对污染较为严重或者较为浑浊的水样，应先离心处理，取上清液进行萃取测定。

9. 注意事项

(1)如果萃取时发生乳化现象，可在分液漏斗的下部塞一块玻璃棉过滤乳化液，弃去最初几滴，收集余下的二硫化碳溶液，以备测定。

(2)萃取过程中如出现乳化现象，可用无水硫酸钠破乳或用离心法破乳。

(3)色谱条件随色谱柱和色谱仪的不同而不同，应根据实际使用的仪器和色谱柱进行调整。

(4)如果色谱柱使用毛细管柱，则进样量应该相应减少，进样模式也需相应采用分流进样。

(5)配制苯系物标准贮备液，可先移取苯系物溶于少量甲醇后，再配制成水溶液。配制工作要在通风良好的条件下进行。

10. 思考题

(1)能否不经萃取，将待测定水样直接注入色谱仪进行分析？为什么？

(2)影响苯系物出峰顺序的因素有哪些？

7.5.2　气相色谱法测定空气中总挥发性有机物

室内空气的污染源主要是建筑材料、板材、家具、油漆中的氡(放射性物质，有强致癌作用)、苯系物(过量吸入导致再生障碍性贫血和癌症)、甲醛(可导致细胞蛋白质变性)、氨(可导致咽喉水肿，诱发支气管炎)等。我国建设部制定了《民用建筑工程室内环境污染控制规范》(GB 50325—2006)，规定了各类污染物的最高含量不得过表 7-10 中的限额。

表 7-10　各类污染物的最高限额

分类	氡/(Bq·m^{-3})	甲醛/(mg·m^{-3})	氨/(mg·m^{-3})	苯/(mg·m^{-3})	TVOC/(g·m^{-3})
Ⅰ类民用建筑(住宅、幼儿园、教室等)	≤200	≤0.08	≤0.2	≤0.09	≤0.5
Ⅱ类民用建筑(办公楼、商场等)	≤400	≤0.12	≤0.5	≤0.09	≤0.6

1. 实验目的

(1)学习气体分析的原理和方法。

(2)学习气体样品采样和处理方法

(3)掌握程序升温气相色谱分析法。

2. 实验原理

室内空气样品的采集可利用选择性吸附原理，将气体、液体中的挥发性组分吸附(富集)于填有所选吸附剂的玻璃管中，采样结束后带回实验室，依次选用溶剂淋洗—气相色谱法或者直接热解吸—气相色谱法进行检测。

本实验采用 Tenax 采样管对被测区域空气中的有机化合物进行有效的吸附富集，将吸附管带回实验室后，依次采用直接热解吸—气相色谱法进行分析，再用外标法定量。

3. 实验仪器和设备

(1)大气采样器。

(2)气相色谱仪(配备有氢火焰离子化检测器和 50 m OV-1 毛细管柱)。

(2)Tenax 采样管。

(3)热解吸仪。

(4)1 μL 微量注射器。

(5)2 mL 容量瓶。

(6)其他一般实验室常用仪器和设备。

4. 试剂

(1)TVOC 标准溶液贮备液：含苯、甲苯、对二甲苯、间二甲苯、邻二甲苯、苯乙烯、乙苯、乙酸丁酯、十一烷各 0.2 μg/mL，临用时稀释备用。(TVOC, total volatile organic compounds，总挥发性有机物。)

5. 实验步骤

1)色谱条件

(1)温度：汽化室温度 250 ℃，检测器温度 250 ℃。

柱温采用程序升温：初温为 50 ℃，保持 5 min，然后以 5 ℃/min 的速率升温至 250 ℃，保温 5 min,降温。

(2)气体流量:氮气 40 mL/min,氢气 40 mL/min,空气 40 mL/min。应根据仪器型号选用最合适的气体流量。

(3)检测器:FID。进样量:1 μL。分流比:50:1。

2)标准曲线的绘制

(1)取 4 只 2 mL 容量瓶,用逐级稀释法将贮备液稀释成 0.005 μg/mL、0.01 μg/mL、0.05 μg/mL、0.1 μg/mL 浓度的标准系列溶液。

(2)分别取 5 份 1 μL 的标准溶液(包括贮备液)于经活化的空白热解吸管上端,在 250 ℃解吸 10 min,切换载气进样分析。每个浓度平行分析 3 次。

(3)以平均峰面积(A)为纵坐标,以组分浓度为横坐标作图,计算回归曲线方程和相关系数。

3)样品的测定

(1)气体样品的采集。将 Tenax 采样管在活化器上活化 30 min(280 ℃,N_2 20 mL/min),冷却后在两端套上塑料帽。在采样地点打开采样管,将乳胶管与大气采样器连接,以 0.5 mL/min 的速度采集 10 L 空气。采样后将采样管两端套上塑料帽,记录采样时的温度和大气压力。

(2)样品分析。拿下样品采样管两端的塑料帽,将采样管放入热解吸仪中,在和标样同样条件下进行直接热解吸分析,以峰面积进行定量计算。色谱图中出现的非标准品峰全部按甲苯计算。

(3)空白实验。以活化过的空白采样管在同样条件下进行空白实验。

6.原始数据记录

实验原始数据记于表 7-11~表 7-20 中。

表 7-11 苯标准曲线的绘制记录表　　　　　　　　年　月　日

指标	苯标准溶液浓度/($μg·mL^{-1}$)				
	0.005	0.01	0.05	0.1	0.2
苯峰面积(A)					

表 7-12 甲苯标准曲线的绘制记录表　　　　　　　年　月　日

指标	甲苯标准溶液浓度/($μg·mL^{-1}$)				
	0.005	0.01	0.05	0.1	0.2
甲苯峰面积(A)					

第7章 色谱法

表 7-13 乙苯标准曲线的绘制记录表　　　　　年　月　日

指标	乙苯标准溶液浓度/($\mu g \cdot mL^{-1}$)				
	0.005	0.01	0.05	0.1	0.2
乙苯峰面积(A)					

表 7-14 对二甲苯标准曲线的绘制记录表　　　　年　月　日

指标	对二甲苯标准溶液浓度/($\mu g \cdot mL^{-1}$)				
	0.005	0.01	0.05	0.1	0.2
对二甲苯峰面积(A)					

表 7-15 间二甲苯标准曲线的绘制记录表　　　　年　月　日

指标	间二甲苯标准溶液浓度/($\mu g \cdot mL^{-1}$)				
	0.005	0.01	0.05	0.1	0.2
间二甲苯峰面积(A)					

表 7-16 邻二甲苯标准曲线的绘制记录表　　　　年　月　日

指标	邻二甲苯标准溶液浓度/($\mu g \cdot mL^{-1}$)				
	0.005	0.01	0.05	0.1	0.2
邻二甲苯峰面积(A)					

表 7-17 乙酸丁酯标准曲线的绘制记录表　　　　年　月　日

指标	乙酸丁酯标准溶液浓度/($\mu g \cdot mL^{-1}$)				
	0.005	0.01	0.05	0.1	0.2
乙酸丁酯峰面积(A)					

表 7-18 苯乙烯标准曲线的绘制记录表　　　　　年　月　日

指标	苯乙烯标准溶液浓度/($\mu g \cdot mL^{-1}$)				
	0.005	0.01	0.05	0.1	0.2
苯乙烯峰面积(A)					

表 7-19　十一烷标准曲线的绘制记录表　　　　　年　月　日

指标	十一烷标准溶液浓度/($\mu g \cdot mL^{-1}$)				
	0.005	0.01	0.05	0.1	0.2
十一烷峰面积(A)					

表 7-20　样品测定结果记录表　　　　　年　月　日

指标	物质							
	苯	甲苯	乙苯	对二甲苯	间二甲苯	邻二甲苯	苯乙烯	乙酸丁酯
峰面积								

7. 结果计算

将采样体积 V 换算成标准状况下的采样体积 V_0：

$$V_0 = V \times \frac{T_0}{273+T} \times \frac{P}{P_0}$$

式中，V_0、T_0、P_0 分别为标准状况下的体积、温度(273 K)和压力(101.3 kPa)。

根据回归方程计算出各组分的量，再根据下式计算出所采集的空气样品中各组分的含量和 TVOC 值，并根据表 7-10 判断所监测区域的空气质量是否合格。

$$c_i = \frac{m_i - m_0}{V_0}, \quad \text{TVOC} = \sum_{i=1}^{n} c_i$$

式中：c_i——所采集空气样品中 i 组分的含量，mg/m^3；

m_i——被测样品中 i 组分的质量，μg；

m_0——空白样品中 i 组分的质量，μg；

V_0——空气标准状况采样体积，L。

8. 注意事项

在选用吸附剂吸附(富集)气体、液体中的挥发性组分时，如果仅检测苯系物则以活性炭为吸附剂，检测 TVOC(总挥发性有机物)则选择 Tenax 系列为吸附剂。

9. 思考题

(1)什么是程序升温？本实验中为什么要选择程序升温对挥发性物质进行测定？

(2)实验中如何根据样品浓度调节分流比？

7.5.3　气相色谱法测定土壤或底泥中有机氯农药

滴滴涕(DDT)和六六六是使用最早的两种有机氯农药，它们的物理化学性质稳定，不易分解，且难溶于水。水体中六六六和 DDT 易沉淀富集在底质中，监测底质对于了解它们的污染状况和过程有重要意义。

1. 实验目的

(1)学习利用索氏提取从固体物质中萃取待测定有机物的方法。

(2)学习填充柱的装柱及使用方法。

2. 实验原理

以丙酮和石油醚为萃取剂,利用索氏提取器提取底泥中的DDT和六六六。提取液经水洗净化后,用带有电子捕获检测器(ECD)的气相色谱仪测定,用外标法定量。

3. 实验仪器和设备

(1)索氏提取器:100 mL。

(2)K-D浓缩器。

(3)样品瓶:1 L玻璃广口瓶。

(4)气相色谱仪(配备有电子捕获检测器)。

(5)色谱柱:硅质玻璃填充柱,长度为2.0 m,内径为2~3.5 mm。

(6)250 mL分液漏斗。

(7)20 mL量筒。

(8)5 μL、10 μL微量注射器。

(9)玻璃棉:在索氏提取器上用丙酮提取4 h,晾干备用。

(10)其他一般实验室常用仪器和设备。

4. 试剂

(1)石油醚。

(2)浓硫酸。

(3)优级纯无水硫酸钠。

(4)分析纯丙酮。

(5)20 g/L硫酸钠溶液:使用前用石油醚提取3次,溶液与石油醚体积比为10:1。

(6)异辛烷:色谱进样无干扰峰。

(7)六六六、DDT标准物质:α-六六六、β-六六六、γ-六六六、δ-六六六、o,p'-DDT、p,p'-DDE、p,p'-DDD、p,p'-DDT,纯度为95%~99%。(DDD和DDE是DDT在环境中的两种代谢转化产物。)

(8)贮备溶液:称取每种标准物100 mg,精确至1 mg,溶于异辛烷,在容量瓶中定容至100 mL。也可购买商品标准贮备液。

(9)中间溶液:用移液管移取八种贮备溶液至100 mL容量瓶中,用异辛烷稀释至标线。八种贮备液量取的体积比为:$V_{\alpha-六六六}:V_{\gamma-六六六}:V_{\beta-六六六}:V_{\delta-六六六}:V_{p,p'-DDE}:V_{o,p'-DDT}:V_{p,p'-DDD}:V_{p,p'-DDT}=1:1:3.5:1:3:5:3:8$。

(10)标准使用液:根据检测器的灵敏度和线性要求,用石油醚稀释中间溶液,配制几种浓度的标准使用液(在 4 ℃条件下可贮存两个月)。

(11)色谱柱担体:Chromosorb WAW DMCS 80~100 目(180~150 μm)。

(12)色谱柱固定液:甲基硅酮(OV-17,含 50%的苯基),最高使用温度 350 ℃;氟代烷基硅氧烷聚合物(QF-1),最高使用温度 250 ℃。

(13)硅藻土。

(14)载气:纯度 99.9%的氮气。

5. 实验步骤

1)色谱条件

(1)温度:汽化室温度 200 ℃,检测器温度 220 ℃,柱温 180 ℃。

(2)载气流量:60 mL/min。

(3)固定液:1.5% OV-17,1.95% QF-1。

2)标准曲线的绘制

(1)配制不同浓度的标准系列溶液,将 5 μL 各种浓度标准溶液注入色谱仪进行分析。

(2)以峰面积(A)为纵坐标,以组分浓度为横坐标作图,计算回归曲线方程和相关系数。

3)样品的测定

(1)样品的提取。将采集的底泥样品自然风干、碾碎,过 2 mm 筛。称取 20.00 g 风干并过筛的土壤(或底泥),置于小烧杯中,加 2 mL 水、4 g 硅藻土,充分混匀后用滤纸包好,移入索氏提取器中,将 40 mL 石油醚和 40 mL 丙酮混合后倒入提取器中,使滤纸刚刚被浸泡,剩余的混合溶剂倒入底瓶中。

将试样浸泡 12 h 后,再提取 4 h,待冷却后将提取液移入 250 mL 分液漏斗中。用 20 mL 石油醚分三次冲洗提取底瓶,将洗涤液并入分液漏斗中,向分液漏斗中加入 150 mL 2%硫酸钠水溶液,振摇 1 min,静置分层后,弃去下层丙酮水溶液,上层石油醚提取液供净化用。

(2)净化。在盛有石油醚提取液的分液漏斗中,加入 6 mL 浓硫酸,开始轻轻振摇,注意放气,然后剧烈摇振 5~10 s,静置分层后弃去下层硫酸。重复上述操作数次,至硫酸层无色为止。向净化的有机相中加入 5.0 mL 硫酸钠水溶液洗涤有机相两次,弃去水相,有机相通过铺有 5~8 mm 厚无水硫酸钠的三角漏斗(无水硫酸钠用玻璃棉支托),使有机相脱水。有机相流入具有 1 mL 刻度管的 K-D 浓缩器。用 3~5 mL 石油醚洗涤分液漏斗和无水硫酸层,洗涤液收集至 K-D 浓缩器中。

(3)样品的浓缩。将 K-D 浓缩器置于水浴锅中,水浴温度 40~70 ℃,当表观体积达到 0.5~1 mL 时,取下 K-D 浓缩器。冷却至室温,用石油醚冲洗玻璃接口并定容至一定体积,以备色谱分析使用。

(4)测定。注入 5 μL 样品溶液,按 1)中的色谱条件进行分析测定。

6. 结果计算

$$c_2 = \frac{A_2 \times c_1 \times Q_1 \times V}{A_1 \times Q_2 \times W}$$

式中:c_2——土样或底泥中目标化合物浓度,μg/kg;

A_2——土样或底泥中目标化合物峰面积;

Q_2——样品的进样量,μL;

c_1——标准溶液中目标化合物浓度,μg/L;

A_1——标准溶液中目标化合物峰面积;

Q_1——标准溶液进样量,μL;

V——样品提取液最终体积,mL;

W——土样或底泥样品重量,g。

7. 干扰及消除

样品中的有机磷农药、不饱和烃及邻苯二甲酸酯类等有机化合物均能被丙酮和石油醚提取,且干扰 DDT 和六六六的测定。这些干扰物质可用浓硫酸洗涤去除。

8. 注意事项

(1)新装填的色谱柱在通氮气条件下,须连续老化至少 48 h,老化时要注入六六六、DDT 的标准使用液,待色谱柱对农药的分离检测响应恒定后方能进行定量分析。

(2)样品预处理使用的有机溶剂有毒性,且易挥发燃烧,预处理操作须注意通风。

9. 思考题

(1)什么是索氏提取法?索氏提取法有哪些特点?其主要用途是什么?

(2)气相色谱法中所用的 FID 检测器和 ECD 检测器在使用上有何区别?

7.5.4 高效液相色谱法测定牛奶中三聚氰胺

在奶制品中添加过量的三聚氰胺,会造成奶制品中蛋白质含量高的假象。我国颁布的测定乳制品中三聚氰胺的三种标准检测方法包括:高效液相色谱法、液相色谱-质谱/质谱法、气相色谱-质谱/质谱法。

1. 实验目的

(1)了解高效液相色谱仪的基本结构和分析流程。

(2)掌握高效液相色谱仪的操作方法。

(3)理解加标回收实验的过程和原理。

2. 实验原理

将蛋白质沉淀剂作为乳制品中三聚氰胺的提取剂,用强阳离子交换色谱柱分离,用高效液相色谱-紫外检测器/二极管阵列检测器检测,利用外标法定量。

3. 实验仪器和设备

(1)高效液相色谱仪[配备有SCX色谱柱(250 mm×4.6 mm,5 μm)、20 μL进样环、紫外检测器或二极管阵列检测器]。

(2)酸度计。

(3)超声波清洗器。

(4)0.45 μm微孔滤膜。

(5)100 μL平头微量进样器。

(6)其他一般实验室常用仪器和设备。

4. 试剂

(1)乙腈(色谱纯)。

(2)磷酸二氢钾(分析纯)。

(3)磷酸(分析纯)。

(4)三聚氰胺(分析纯)。

(5)一级水。

(6)流动相制备:

50.0 mmol/L磷酸盐缓冲溶液:称取3.40 g磷酸二氢钾,加水400 mL搅拌完全溶解后,用磷酸调节pH=3.0,加水定容至500 mL,0.45 μm微孔滤膜过滤后备用。

按V(乙腈):V(磷酸盐缓冲溶液)=30:70配得流动相,超声脱气15~20 min,即得到动相。

(7)1000.0 mg/L三聚氰胺贮备液:准确称取100.0 mg三聚氰胺标准物质,用水完全溶解后,在100 mL容量瓶中定容至刻度,摇匀。

(8)200 mg/L三聚氰胺标准溶液:准确移取20.0 mL三聚氰胺标准贮备液,置于100 mL容量瓶中,用水稀释至刻度,摇匀。

5. 实验步骤

1)开机准备

开机预热20 min,设定检测波长为218 nm,用V(水):V(有机溶剂)=(90:10→70:30)的流动相顺序冲洗色谱柱,直到基线平稳。

2)色谱条件

流动相流量1.0 mL/min;柱温为室温;检测波长218 nm;进样量0.10 mL。

3)标准曲线的绘制

利用200 mg/L的三聚氰胺标准溶液,配制0.02 mg/L、0.10 mg/L、0.20 mg/L、0.50 mg/L、2.00 mg/L、3.50 mg/L和5.00 mg/L的工作溶液,分别注入色谱仪,利用色谱

条件2)进行分析,记录色谱流出曲线。记录总时间为三聚氰胺出峰时间的两倍。

以色谱峰面积(A)为纵坐标,以组分浓度为横坐标作图,计算回归曲线方程和相关系数。

4)奶样的测定

(1)准确称取 5 g 奶样,置于 15 mL 刻度离心管中,加入 10 mL 乙腈,剧烈振荡 6 min,加水定容至满刻度,4000 r/min 离心 3 min,用一次性注射器吸取上清液,再用微孔滤膜过滤后备用。

(2)样品加标。称取 5 g 奶样 2 份,分别置于 15 mL 刻度离心管中,分别加入 50 μL、100 μL 200 mg/L 三聚氰胺标准溶液,准确加入 10.0 mL 乙腈,剧烈震荡 6 min,加水定容至满刻度,4000 r/min 离心 3 min,用一次性注射器吸取上清液,再用微孔滤膜过滤,即制得三聚氰胺加标浓度为 1.0 mg/L、2.0 mg/L 的样品溶液。

(3)将上述制得的奶样溶液或奶样加标液按照 2)中的色谱条件进行测定,得色谱图及峰面积。

(4)由工作曲线查出(或计算)奶样溶液中三聚氰胺的浓度,再计算出原料乳品中三聚氰胺的含量或浓度。

6.原始数据记录及计算

实验原始数据记录于表 7-21～表 7-22 中。

表 7-21 三聚氰胺标准曲线的绘制记录表

保留时间_____;检测波长:_____　　　　　　　　　　年　月　日

指标	标准溶液浓度/(mg·L^{-1})						
	0.02	0.10	0.20	0.50	2.50	3.50	5.00
峰面积(A)							

表 7-22 样品测定及加标回收实验记录表　　　　　　　　　　年　月　日

编号	样品量/g	加标量/(mg·L^{-1})	保留时间	峰面积	测得浓度	回收率/%
1	5.0	0.00				
2	5.0	0.00				
3	5.0	0.00				
4	5.0	1.0				
5	5.0	2.0				

7.结果计算

根据标准谱图中三聚氰胺的保留时间对其进行定性分析。根据下式计算水样中三聚氰胺浓度：

$$c_{三聚氰胺}(\mathrm{mg/L}) = (A-a)/b$$

式中：A——水样中三聚氰胺的峰面积；

　　　b——回归方程的斜率；

　　　a——回归方程的截距。

8. 思考题

(1)加标回收实验的目的是什么？

(2)如何计算加标回收率？

(3)本实验可否用峰面积归一化法进行定量？

7.5.5　高效液相色谱法测定苯系物和稠环芳烃

1. 实验目的

(1)掌握高效液相色谱法的分离原理。

(2)掌握反相色谱法定义。

(3)学习用外标法进行色谱定量实验。

2. 实验原理

苯系物和稠环芳烃具有共轭双键，但其共轭体系的大小和极性不同，因而在固定相和流动相之间的分配系数不同，导致在柱内的移动速率不同而先后流出柱子。

苯系物和稠环芳烃在紫外区有明显的吸收，可以利用紫外检测器进行检测。在相同的实验条件下，将测定的未知物保留时间和已知纯物质作对照进行定性分析。

采用非极性的十八烷基键合相(octadecylsilane ODS)为固定相，以极性的甲醇-水溶液为流动相的反相色谱分离模式特别适合于同系物(如苯系物)的分离。

3. 实验仪器和设备

(1)高效液相色谱仪(配备有 C18 色谱柱、紫外检测器，检测波长 254 nm)。

(2)超声波清洗器。

(3)0.45 μm 微孔滤膜。

(4)25 μL 平头微量进样器。

(5)其他一般实验室常用仪器和设备。

4. 试剂

(1)甲醇(HPLC 级)。

(2)苯、甲苯、萘、联苯(分析纯)。

(3)二次重蒸水。

(4)流动相制备：

按 $V(甲醇):V(水)=85:15$ 配得流动相,超声脱气 15~20 min。

(5)标准溶液的配制：以流动相(4)为溶剂,分别配制组分浓度为 0.05% 的苯、甲苯、萘、联苯单组分标准溶液及四组分混合样品各一份。

5. 实验步骤

(1)开机准备。开机预热 20 min,设定检测波长为 254 nm,调整好流动相流量,按流动相顺序冲洗色谱柱,直到基线平稳。

(2)色谱条件(作为参考,可根据色谱峰情况进行适当调整)。流动相流量 1.0 mL/min,柱温为室温,检测波长 254 nm,进样量 10 μL。

(3)纯物质定性。分别取苯、甲苯、萘、联苯标准样品 10 μL 进样,记录色谱峰保留时间。

(4)标准曲线的绘制。取混合物标准溶液 2.0 μL、5.0 μL、10.0 μL、15.0 μL、20.0 μL 进样分析,测得标样中四组分的峰面积。以峰面积为纵坐标,以浓度为横坐标,绘制标准曲线,计算回归曲线方程和相关系数。

(5)样品的测定。取待测样品 10 μL 进样,由色谱峰的保留时间进行定性分析,以色谱峰的面积进行外标法定量。实验完成后按开机的逆次序关机。

6. 原始数据记录及计算

实验原始数据记录于表 7-23~表 7-25 中。

表 7-23 标准样品保留时间记录表　　　　　　　　　　进样量：10 μL

指标	组分名称			
	苯	甲苯	萘	联苯
保留时间/min				
峰面积(A)				

表 7-24 标准曲线的绘制记录表　　　　　　　　　　年　月　日

组分名称	进样体积/μL				
	2.0	5.0	10.0	15.0	20.0
苯					
甲苯					
萘					
联苯					

表 7-25　样品的测定记录表　　　　　　　　　　　　　　　　　　　进样量:10 μL

指标	组分名称			
	苯	甲苯	萘	联苯
保留时间/min				
峰面积(A)				
质量分数(w_i)				

7. 思考题

(1)紫外检测器适用于检测哪些有机化合物?

(2)若实验获得的色谱峰面积太小,应如何优化实验条件?

(3)为什么液相色谱法多在室温条件下进行,而气相色谱法需要在较高柱温下进行?

(4)气相色谱法和液相色谱法在测定对象上有何区别?

7.5.6　离子色谱法测定降水中 F^-、Cl^-、HPO_4^-、SO_4^{2-}、NO_3^-、NO_2^-

离子色谱法(ion chromatography,IC)是高效液相色谱法的一种,是分析阴离子和阳离子的一种液相色谱方法。

离子色谱法是以低交换容量的离子交换树脂为固定相,以电解质溶液为流动相对离子性物质进行分离,用电导检测器连续检测流出物电导变化的一种色谱分析方法。

离子色谱仪一般由四个部分组成,即输送系统、分离系统、检测系统和数据处理系统。

1. 实验目的

(1)掌握离子色谱法的基本原理。

(2)了解离子色谱仪的仪器结构及基本操作技术。

(3)掌握离子色谱法的定性和定量分析方法。

2. 实验原理

实验以阴离子交换树脂为固定相(分离柱),以 $NaHCO_3$ - Na_2CO_3 为洗脱液进行分离,以电导检测器进行检测。

待测水样注入 $NaHCO_3$ - Na_2CO_3 溶液并流经系列的阴离子交换树脂,待测阴离子(X^-)在分离柱上发生如下交换过程(式中 R 代表离子交换树脂):

$$R-HCO_3 + MX \longrightarrow RX + MHCO_3$$

由于洗脱液不断流过分离柱,使交换在阴离子交换树脂上的各种阴离子被洗脱。各种待测定的阴离子对阴离子树脂的相对亲和力不同而彼此分开。亲和力小的阴离子先流出分离柱,亲和力大的阴离子后流出分离柱,使得各种不同的离子得到分离。

被分开的阴离子,在流经强酸性阳离子树脂(抑制柱)室时,被转换为高电导的酸型阴离子，$NaHCO_3$-Na_2CO_3 则转变成弱电导的碳酸（清除背景电导）。用电导检测器测量被转变为相应酸型的阴离子，与标准进行比较，根据保留时间定性，根据峰高或峰面积定量。本方法一次性可连续测定多种无机阴离子。

3. 实验仪器和设备

(1) 离子色谱仪（配备电导检测器）。

(2) 色谱柱：阴离子分离柱和阴离子保护柱。

(3) 抑制柱。

(4) 淋洗液或再生液贮存罐。

(5) 0.45 μm 微孔滤膜。

(6) 100 μL 微量注射器。

(7) 其他一般实验室常用仪器和设备。

4. 试剂

实验用水均为电导率小于 0.5 μS/cm 的二次去离子水，并经过 0.45 μm 微孔滤膜过滤。

(1) $NaHCO_3$-Na_2CO_3 阴离子淋洗贮备液：称取 19.10 g Na_2CO_3（分析纯以上）和 14.30 g $NaHCO_3$（分析纯以上）（均已在 105 ℃ 烘箱中烘 2 h 并冷却至室温），溶于高纯水中，转入 1000 mL 容量瓶中，加水至刻度，摇匀。贮存于聚乙烯瓶中，在冰箱中保存。此淋洗贮备液为 0.17 mol/L $NaHCO_3$ + 0.18 mol/L Na_2CO_3 混合溶液。

(2) $NaHCO_3$-Na_2CO_3 阴离子淋洗液：移取 10.00 mL 上述阴离子淋洗贮备液置于 1000 mL 容量瓶中，用水稀释至标线，摇匀。此淋洗液为 0.0017 mol/L $NaHCO_3$ + 0.0018 mol/L Na_2CO_3 混合溶液。

(3) 阴离子标准贮备液：分别称取优级纯 NaF（105 ℃ 烘箱中烘 2 h）2.2100 g、NaCl（105 ℃ 烘箱中烘 2 h）1.6485 g、$NaNO_2$（干燥器中干燥 2 h）1.4997 g、$NaNO_3$（105 ℃ 烘箱中烘 2 h）1.3708 g、Na_2HPO_4（干燥器中干燥 2 h）1.4950 g、K_2SO_4（105 ℃ 烘箱中烘 2 h）1.8142 g 溶于水中，各自加入 10.00 mL 淋洗贮备液，用水稀释至标线。贮存于聚乙烯瓶中，放入冰箱中冷藏。配制成的 F^-、Cl^-、NO_2^-、NO_3^-、HPO_4^-、SO_4^{2-} 贮备液浓度均为 1000.0 mg/L。

(4) 混合标准使用液：分别从六种阴离子标准贮备液中吸取 5.00 mL（F^-）、10.00 mL（Cl^-）、20.00 mL（NO_2^-）、40.00 mL（NO_3^-）、50.00 mL（HPO_4^-）和 50.00 mL（SO_4^{2-}）于 1000 mL 容量瓶中，加入 10.00 mL 淋洗贮备液，用水稀释至标线。此混合溶液中 F^-、Cl^-、NO_2^-、NO_3^-、HPO_4^-、SO_4^{2-} 浓度分别为 5.00 mg/L、10.00 mg/L、20.00 mg/L、40.00 mg/L、50.00 mg/L 和 50.00 mg/L。

5. 实验步骤

1) 色谱条件

淋洗液为 0.0017 mol/L $NaHCO_3$ + 0.0018 mol/L Na_2CO_3 混合混液；电导检测器检测；

根据不同型号选择最佳色谱条件,下列条件供参考:

淋洗液流速 1.5 mL/min,抑制器电流 70 mA,电导池温度 35 ℃,进样量 50 μL。

2) 标准曲线的绘制

(1) 分别取阴离子混合标准使用液 1.00 mL、2.00 mL、3.00 mL、4.0 mL、5.00 mL 于 5 个 10 mL 容量瓶中,用高纯水稀释至刻度,摇匀,配制浓度不同的标准系列溶液。

(2) 按选好的色谱条件,待基线稳定后,将上述(1)中浓度不同的标准系列溶液各 50 μL 注入色谱仪进行分析,测定六种阴离子的峰面积。

以峰面积(A)为纵坐标,以离子浓度(mg/L)为横坐标绘制标准曲线,计算回归曲线方程和相关系数。

3) 样品的测定

将待测定水样用 0.45 μm 微孔滤膜过滤后,取 50 μL 注入色谱仪,按色谱条件 1) 进行分析。

4) 标准色谱图

标准色谱图见图 7-15,几种离子组分从左至右出峰顺序为:F^-、Cl^-、NO_2^-、NO_3^-、HPO_4^-、SO_4^{2-}。

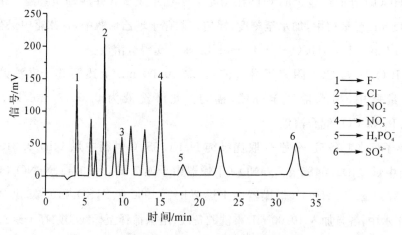

图 7-15 离子色谱标准谱图

6. 原始数据记录

实验原始数据记录于表 7-26~表 7-32 中。

表 7-26 F^- 标准曲线的绘制记录表　　　　　年　月　日

指标	F^- 标准溶液浓度/(mg·L^{-1})				
	0.5	1.0	1.5	2.0	2.5
F^- 峰面积(A)					

表 7-27　Cl⁻标准曲线的绘制记录表　　　　　　　　　　年　月　日

指标	Cl⁻标准溶液浓度/(mg·L⁻¹)				
	1.0	2.0	3.0	4.0	5.0
Cl⁻峰面积(A)					

表 7-28　NO_2^-标准曲线的绘制记录表　　　　　　　　　年　月　日

指标	NO_2^-标准溶液浓度/(mg·L⁻¹)				
	2.0	4.0	6.0	8.0	10.0
NO_2^-峰面积(A)					

表 7-29　NO_3^-标准曲线的绘制记录表　　　　　　　　　年　月　日

指标	NO_3^-标准溶液浓度/(mg·L⁻¹)				
	4.0	8.0	12.0	16.0	20.0
NO_3^-峰面积(A)					

表 7-30　HPO_4^-标准曲线的绘制记录表　　　　　　　　　年　月　日

指标	HPO_4^-标准溶液浓度/(mg·L⁻¹)				
	5.0	10.0	15.0	20.0	25.0
HPO_4^-峰面积(A)					

表 7-31　SO_4^{2-}标准曲线的绘制记录表　　　　　　　　年　月　日

指标	邻二甲苯标准溶液浓度/(mg·L⁻¹)				
	5.0	10.0	15.0	20.0	25.0
邻二甲苯峰面积(A)					

表 7-32　水样测定结果记录表　　　　　　　　　　　　　年　月　日

指标	物质					
	F⁻	Cl⁻	NO_2^-	NO_3^-	HPO_4^-	SO_4^{2-}
保留时间/min	1.19	1.57	1.78	2.62	3.95	4.79
峰面积(A)						

7. 结果计算

根据标准谱图中各种阴离子的色谱峰保留时间对六种阴离子进行定性分析。根据下式计算水样中各种阴离子的浓度：

$$c_{\mathrm{X}^-}\,(\mathrm{mg/L}) = \frac{A-a}{b}$$

式中：c_{X^-}——水样中待测阴离子的浓度，mg/L；

A——水样的峰面积；

b——回归方程的斜率；

a——回归方程的截距。

8. 干扰及消除

当水的负峰干扰 F^- 或 Cl^- 的测定时，可于 100 mL 水样中加入 1 mL 淋洗贮备液来消除水负峰的干扰。

9. 注意事项

(1) 亚硝酸根不稳定，试样溶液最好临用前现配。

(2) 样品需经 0.45 μm 滤膜过滤，去除样品中的颗粒物，防止系统堵塞。

(3) 离子色谱柱使用前后，均应采用去离子水或洗脱液进行充分清洗，以保护色谱柱，延长柱的使用寿命。

(4) 对于污染严重的水样应进行预处理后再分析，以防止污染离子色谱柱。

(5) 洗脱液使用前一定要进行超声脱气。

10. 思考题

(1) 简述离子色谱柱的分离机理。

(2) 离子色谱测定中，pH 值如何影响分离度和保留时间？

第 8 章

其他仪器分析方法

8.1 红外光谱法及实验

8.1.1 红外光谱法原理

红外光谱(infrared spectrometry, IR)又称为振动转动光谱,是由分子振动能级的跃迁产生的,同时也伴随着分子转动能级的跃迁。当样品受到频率连续变化的红外光照射时,样品分子吸收了某些频率的辐射,分子发生振动或转动运动,从而引起偶极矩的变化,产生分子振动能级从基态到激发态的跃迁,形成红外光谱。

红外光谱的波长范围大约为 $0.8 \sim 1000~\mu$,对应的波数范围为 $10 \sim 12500~cm^{-1}$,根据波数范围的不同分为近红外区($12500 \sim 4000~cm^{-1}$)、中红外区($4000 \sim 400~m^{-1}$)、远红外区($400 \sim 10~cm^{-1}$)三个区域。多数有机化合物的基频吸收峰位于中红外区,因此中红外区谱图最适合用于对化合物的定性和定量分析。目前多数红外光谱仪提供的都是中红外区的测定。

由于不同物质分子中存在各种不同的基团,因此可吸收不同频率的红外辐射,发生的振动(转动)能级跃迁也会不同,故形成各自不同的红外光谱。因此,通过测定物质的红外吸收光谱,可对物质进行定性、定量分析。

8.1.2 傅里叶变换红外光谱仪仪器结构及使用

1.仪器结构

傅里叶变换红外光谱仪(Fourier transform infrared spectrometer, FTIR)是 20 世纪 70 年代出现的第三代红外光谱仪,也是目前使用较为广泛的红外光谱仪。在傅里叶变换红外光谱仪中,首先是把光源发出的光经迈克尔逊干涉仪变成干涉光,再用干涉光照射样品,经检测器获得干涉图,再通过傅里叶变换而得到红外吸收光谱图。图 8-1 为傅里叶变换红外光谱仪的基本结构示意图。

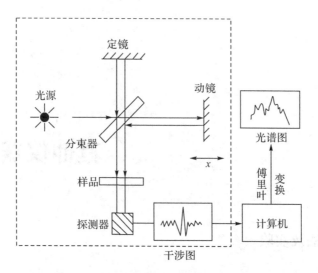

图 8-1 傅里叶变换红外光谱仪结构示意图

2.分析试样的制备

红外光谱分析中,样品的制备及处理占有重要地位,如果样品处理不当,即使仪器性能再好,也不能得到令人满意的红外吸收光谱图。

1) 红外光谱分析对样品的要求

(1)样品的浓度和测试厚度应适宜。一般使红外光谱图中大多数吸收峰透射比处于10%～60%范围内为宜。样品太稀、太薄会使弱峰或光谱细微部分消失,但太浓、太厚会使强峰超出标尺。

(2)样品应不含水分,包括游离水和结晶水。因为水不仅会腐蚀吸收池盐窗,还会干扰样品分子中羟基的测定。

(3)样品应是单一组分的纯物质,其纯度应大于98%,否则会因杂质光谱干扰而引起光谱解析时"误诊",也不便与标准光谱图对照。

2) 样品的制备

(1)气体试样。使用气体池,先将池内空气抽走,然后吸入待测气体试样。

(2)液体试样。常用的方法有液膜法和液体池法。

液膜法。沸点较高的样品,直接滴在两块盐片之间,形成液体毛细薄膜进行测定。具体操作为:取两片盐片,用浸有四氯化碳或丙酮的棉球清洗其表面并晾干。在一盐片上滴一滴试样,另一盐片压于其上,装入可拆式液体样品测试架中进行测定。测定完毕后,取出盐片,用浸有四氯化碳或丙酮的棉球清洗干净后,放回干燥器内保存。

液体池法。沸点较低、挥发性较大的试样或者黏度小且流动性较大的高沸点样品,可以注入封闭液体池中进行测试。液层厚度一般为 0.01~1 mm。

（3）固体试样。常用的方法有压片法和石蜡糊法。

压片法。取约 1~2 mg 样品与干燥的 KBr（约 100 mg）在玛瑙研钵中混合均匀，充分研磨后，放入固体压片模具之间，然后把模具放入压片机中进行压片。在大约 8 t/cm² 的压力下保持 1~2 min，即可得到透明或半透明的薄片。将薄片放入红外光谱仪的固体样品测试架中进行光谱测定。

石蜡糊法。将干燥处理后的试样研细，与液体石蜡或全氟代烃混合，调成糊状，夹在盐片中测定。

3.操作步骤（以 IS50 红外光谱仪为例）

1）开机

开机时，先打开仪器电源，稳定半小时，使得仪器能量达到最佳状态。

开启计算机，并打开仪器操作平台 OMNIC 软件，仪器自动进行自检（约 1 min），自检对话框会出现绿色"√"，表明仪器与计算机连接正常，状态良好，可进行测样。

2）样品的制备（以固体压片法为例）

取 1~2 mg 样品在玛瑙研钵中研磨成细粉末与干燥的溴化钾（分析纯）粉末（约 100 mg，粒度 200 目即 74 μm）混合均匀，装入模具内，在压片机上压制成片测试。对于 3 mm 的模具，样品 0.5 mg，溴化钾 70 mg；对于 13 mm 的模具，样品 1 mg，溴化钾 140 mg。

3）样品测试

把制备好的样品放入样品架，然后插入仪器样品室的固定位置上。

打开 OMNIC 软件，选择"采集"菜单下的"实验设置"选项设置需要的采集次数、分辨率和背景采集模式后，点击"ok"。

采集次数：采集次数越多，信噪比越好，通常情况下可选 16 次，如果样品的信号较弱，可适当增加采集次数。

分辨率：固体和液体通常选择 4 cm⁻¹，气体视情况而定，可选 2 cm⁻¹ 甚至更高的分辨率。

背景采集模式：建议选择第一项"每采一个样品前均采一个背景"或第二项"每采一个样品后采一个背景"；如果实验室环境控制得较好的话，可以选择第三项"一个背景反复使用时间"。如果有指定的背景，也可选择第四项"选择指定的背景"。

检查"实验设置"选项设置中的"光学台"，正常值应在 2~9.8 范围内。

参数：

样品仓：主样品仓；

检测器：DTGS KBr 检测器（液氮检测器 MCT/A 用于近中红外更准确的测试）；

分束器：KBr 分束器（测远红外时检测器需更换远红外分数器）；

光源：红外光（测近红外时选白光）；

附件：透射 E.P.S；

窗口：KBr 窗口（测远红外时需卸掉 KBr 窗口）；

增益：1（液氮检测器应设为自动增益）；

动镜速率：0.4747；

光阑：100（液氮检测器需减小至光学台中的最大值在正常范围内）；

衰减轮：不衰减（或衰减为 2%）。

背景采集模式为第一项、第二项和第四项时，直接选择"采集样品"开始采集数据，背景采集模式为第二项时，先选择"采集背景"，按软件提示操作后选择"采集样品"。

采集数据：

选择"文件"菜单下的"另存为"，把谱图存到相应的文件夹；

接触过样品的所有仪器部件都要用酒精清洗干净后再进行下一个样品的测试。

4）扫描、输出及谱图分析

测试红外光谱图时，先扫描空光路背景信号，再扫描样品文件信号，经傅里叶变换得到样品红外光谱图。根据需要，打印或者保存红外光谱图，并做谱图分析，判断样品的主要物质成分。

5）关机程序

关机时，先关闭 OMNIC 软件，再关闭计算机。

8.1.3 红外光谱法实验——有机物的红外光谱测定及结构分析

1. 实验目的

(1) 掌握红外光谱仪的基本构造和工作原理。

(2) 掌握红外光谱法测定固体试样和液体试样时试样的不同制备方法。

(3) 掌握根据红外光谱鉴定官能团并根据官能团确定未知组分主要结构的方法。

(4) 学习红外光谱仪的使用。

2. 实验原理

当用一定频率的红外光照射某一物质时，如果红外光的频率与该物质分子中某些基团的振动频率相等，则该物质就能吸收这一波长红外光的辐射能量，分子由振动基态跃迁到激发态，产生红外光谱。

不同的化合物具有其特征的红外光谱，因此可用红外光谱判断物质中存在的某些官能团，进而进行物质的结构分析。

3. 实验仪器和设备

(1) 傅里叶变换红外光谱仪；

(2)压片机;

(3)玛瑙研钵;

(4)KBr 盐片(或 NaCl 盐片);

(5)红外灯。

(6)其他一般实验室常用仪器和设备。

4. 试剂

(1)苯甲酸:80 ℃下干燥 24 h,存于保干器中;

(2)乙酸乙酯:分析纯;

(3)溴化钾:130 ℃下干燥 24 h,存于保干器中;

(4)无水乙醇:分析纯。

5. 实验步骤

1)固体样品苯甲酸的红外吸收光谱测定

(1)取干燥的苯甲酸试样 1~2 mg 置于玛瑙研钵中,再加入 150 mg 干燥的 KBr 粉末研磨至完全混匀(颗粒粒度约为 2 mm)。

(2)取出约 100 mg 移入干净的压片磨具中,置于压片机上,在 29.4 MPa 压力下压制 1 min,制成透明薄片。

(3)将夹持薄片的螺母装入红外光谱仪的试样架上,插入红外光谱仪试样池的光路中,用纯 KBr 薄片作为参比片,先粗测透射比是否达到或超过 40%,若达到 40%,按仪器操作方法在 4000~400 cm^{-1} 范围内进行波数扫描,得到苯甲酸的红外光谱。若未达到 40% 投射比,则需要重新压片。

(4)扫描结束后,取下试样架,取出薄片,按要求将磨具、试样架等擦净收好。

2)液体样品乙酸乙酯的红外光谱测定

在可拆式液体试样池的金属池板上垫上橡皮圈,在孔中央位置放一 KBr 盐片,然后在 KBr 盐片上滴加一滴乙酸乙酯样品,压上另一块盐片(不能有气泡),再将另一金属片盖上,旋紧对角方向的螺丝,将盐片加紧形成一层薄的液膜。将它置于红外光谱仪样品池中的光路中,以空气为参比,按仪器操作方法在 4000~400 cm^{-1} 范围内进行波数扫描,即得到液体样品乙酸乙酯的红外光谱。

扫描结束后,取下试样池,松开螺丝,小心取出盐片,用软纸擦去液体,滴几滴无水乙醇洗去试样。擦干、烘干后,将两盐片放入干燥器保存。

6. 结果处理

将测得的苯甲酸和乙酸乙酯红外谱图分别与已知标准谱图进行对照比较,列出主要吸收峰并确认归属。

7. 注意事项

制得的样品薄片必须无裂痕,呈透明或半透明,局部无发白现象。否则需重新制作。局部发白,表示压制的晶片薄厚不均匀。晶片模糊,表示已经吸潮。

研磨时仍应随时防止吸潮,否则压出的样品片易粘在磨具中。

8. 思考题

(1) 压片法制样时,为什么要求将固体试样研磨到颗粒粒度在 2 μm 左右?并且要求 KBr 粉末干燥,避免受潮?

(2) 红外光谱分析中,为什么采用 KBr 做样品盐窗或介质?

(3) 详细说明各种制样方法及注意事项。

8.2 荧光光度法及实验

8.2.1 荧光光度法原理

荧光是光致发光的,即在通常状况下处于基态的物质分子吸收激发光后变为激发态,这些处于激发态的分子不稳定,在返回基态的过程中将一部分的能量又以光的形式放出从而产生荧光。

荧光具有两个特征光谱:激发光谱和发射光谱。固定荧光发射波长,扫描获得激发光谱;固定激发波长,扫描获得发射光谱。荧光发射光谱具有如下特点:①在溶液中,分子荧光的发射波长总是比其相应的吸收光谱波长长,这种现象叫作斯托克斯频移(Stokes shift);②荧光发射光谱的形状与激发波长无关;③荧光发射光谱和它的吸收光谱呈镜像对称关系。图 8-2 所示为蒽的激发光谱和荧光(发射)光谱。

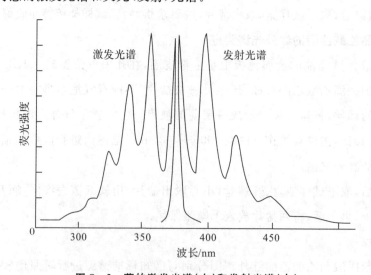

图 8-2 蒽的激发光谱(左)和发射光谱(右)

具有电子共轭体系的分子和刚性平面结构的分子可以发出荧光。在稀溶液(吸光度小于 0.05)中,荧光强度与发光物质的浓度关系为

$$I_f = 2.303\varphi_f I_0 \varepsilon b c$$

从上式可知,荧光强度 I_f 与光源强度 I_0、荧光物质量子产率 φ_f、摩尔吸光系数 ε 及吸光液层厚度 b 成正比关系。当入射光强度、光程不变时,稀溶液的荧光强度与溶液浓度成正比,据此可对发射荧光物质进行定量分析。与紫外-可见分光光度法类似,荧光分析通常也采用标准曲线法进行。

荧光分析法的灵敏度与以下因素有关:被分析物的绝对灵敏度(由摩尔吸光系数和荧光效率决定)、仪器灵敏度(由光源强度、检测器灵敏度及仪器光学效率决定)和方法灵敏度。

8.2.2 荧光光度计仪器结构及使用

1.仪器结构

荧光光度计也叫荧光光谱仪,由以下几个基本部件组成:激发光源、样品池、单色器(两个,分别用于选择激发波长和发射波长)、检测器。荧光光度计的结构示意图如图 8-3 所示。

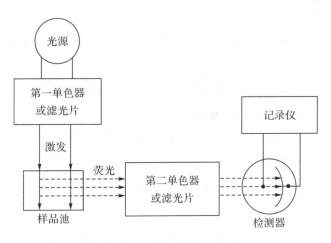

图 8-3 荧光光度计结构示意图

(1)光源:常用氙灯作为光源(有时也用高压汞灯)。
(2)样品池:荧光测量用的样品池通常为四面透光的方形石英池。
(3)单色器:荧光光度计上有两个单色器,第一个单色器置于光源与样品池之间,用于选择所需的激发波长。第二个单色器置于试样池与检测器之间,用于分离出所需检测的荧光发射波长。荧光光度计一般用滤光片作为单色器。
(4)检测器:检测器一般为光电倍增管。
测定时,由光源发出的光经激发单色器照射到样品池中,激发样品中的荧光物质发出荧

光,荧光经过发射单色器分光后,被光电倍增管所接受,然后以图或数字的形式显示出来。在荧光最强波长处测量随激发波长而变化的荧光强度,得到荧光激发光谱,即荧光物质的吸收光谱。如果在最大激发波长处,测量荧光强度随荧光波长的变化,便得到荧光光谱(发射光谱)。

2. F-7000荧光分光光度计操作步骤

1)开机

开启计算机。开启仪器主机电源,按下仪器主机左侧面板下方的黑色按钮(POWER)。同时,观察主机正面面板右侧的 Xe LAMP 和 RUN 指示灯依次亮起来,都显示绿色。

2)计算机进入 Windows XP 视窗后,打开运行软件

双击桌面软件图标(FL Solution 4.0 for F-7000)打开运行软件。主机自行初始化,扫描界面自动进入。初始化结束后,须预热15~20 min,按界面提示选择操作方式。

3)测试模式的选择:波长扫描

点击扫描界面右侧的"Method",在"General"选项中的"Measurement"中选择"Wavelength scan"测量模式(Wavelength scan 为二维测试,3D-scan 为三维测试)。在"Instrument"选项中设置仪器参数和扫描参数。

主要参数选项包括:

(1)选择扫描模式"Scan Mode":Emission/Excitation/Synchronous(发射光谱、激发光谱和同步荧光)。

(2)选择数据模式"Data Mode"为:Fluorescence(荧光测量)。

(3)设定波长扫描范围(一般用 Emission 模式)。

①扫描荧光激发光谱(Excitation):需设定激发光的起始/终止波长(EX Start/End WL)和荧光发射波长(EM WL);

②扫描荧光发射光谱(Emission):需设定发射光的起始/终止波长(EM Start/End WL)和荧光激发波长(EX WL);

③扫描同步荧光(Synchronous):需设定激发光的起始/终止波长(EX Start/End WL)和荧光发射波长(EM WL)。

④Attention:激发光起始与终止波长差不小于10 nm。

⑤3D-scan 模式下,EX、EM 均需设置起始/终止波长,以及间隔。

(4)选择扫描速度"Scan Speed"(通常选 12000 nm/min)。

(5)选择激发/发射狭缝(EX/EM Slit)。

(6)选择光电倍增管负高压"PMT Voltage"(一般选 500 V)。

(7)选择仪器响应时间"Response"(一般选 Auto)。

(8)选择光闸控制"□Shutter Control"并打√,以使仪器在光谱扫描时自动开启,而其

他时间关闭。

(9)选择"Report"设定输出数据信息、仪器采集数据的步长及输出数据的起始和终止波长(Data Start/End)。

Attention:Data Start/End 需与"Instrument"选项中设置一致,否则所得到的数据点会逐渐减少,而无法作图。

参数设置好后,点击"确定"。

4)设置文件存储路径

点击扫描界面右侧"Sample"中的样品命名"Sample name",选中"□Auto File",打√,可以自动保存原始文件和 txt 格式文本文档数据。参数设置好后,点击"OK"。

5)扫描测试

打开盖子,放入待测样品后,盖上盖子(请勿用力)。点击扫描界面右侧的"Measure"(或快捷键 F4),窗口在线出现扫描谱图。

6)数据处理

选中自动弹出的数据窗口(二维测试图),点击"Report"将数据存储至电脑。

7)关机顺序

关闭运行软件 FL Solution 4.0 for F-7000,弹出窗口,选中"Close the lamp, then close the monitor windows?",点击"Yes",窗口自动关闭,同时,观察主机正面面板右侧的 Xe LAMP 指示灯暗下来,而 RUN 指示灯仍显示绿色。约 10 min 后,待仪器变凉可关闭仪器主机电源,即按下仪器主机左侧面板下方的黑色按钮(POWER)。

8.2.3 荧光分析法实验——荧光光谱法测定铝离子

1. 实验目的

(1)了解荧光分光光度计的基本结构和工作原理。

(2)掌握荧光光度计的基本操作。

(3)掌握荧光光度法测定铝离子的基本原理和方法。

(4)掌握溶剂萃取等基本操作。

2. 实验原理

在低浓度情况下,当入射光强度、光程长、仪器工作条件不变时,发荧光物质的荧光强度 F 与浓度 c 成正比。

铝离子本身不发荧光,不能用荧光分析法直接测定。但是铝离子可与 8-羟基喹啉反应生成发荧光的配合物(8-羟基喹啉铝)。该配合物属脂溶性物质,可被氯仿萃取,以荧光法进行测定。8-羟基喹啉铝的最大激发波长和最大发射波长分别为 390 nm 和 510 nm。

3. 实验仪器和设备

(1) 荧光光谱仪。

(2) 石英试样池。

(3) 125 mL 分液漏斗。

(4) 长颈漏斗。

(5) 移液管。

(6) 容量瓶。

(7) 其他一般实验室常用仪器和设备。

4. 试剂

(1) 冰醋酸。

(2) 氯仿(分析纯)。

(3) 2.0 mg/L 铝离子贮备液:准确称取 1.760 g 硫酸铝钾 $Al_2(SO_4)_3 \cdot K_2SO_4 \cdot 24H_2O$ 固体溶于 20 mL 水中,滴加 (1+1) 硫酸至溶液澄清,移入 100 mL 容量瓶中,用蒸馏水稀释至刻度并摇匀。

(4) 4.0 μg/L 铝离子标准溶液:准确移取 2.0 mL 铝离子贮备液至 1000 mL 容量瓶中,用蒸馏水稀释至刻度并摇匀。

(5) 2% 8-羟基喹啉溶液:称取 2 g 8-羟基喹啉溶于 6 mL 冰醋酸中,用水稀释至 100 mL 并摇匀。

(6) 缓冲溶液:每升含 200 g 醋酸铵和 70 mL 浓氨水。

5. 实验步骤

(1) 标准曲线的绘制。吸取铝离子标准溶液 0 mL、10.0 mL、20.0 mL、30.0 mL、40.0 mL 和 50.0 mL 分别放入 6 个 50 mL 容量瓶中,用水稀释至刻度,摇匀。

(2) 荧光配合物的生成和萃取。取 6 个 125 mL 分液漏斗,各加入 45 mL 蒸馏水,向每个分液漏斗中依次分别加入标准系列溶液 5.0 mL。再向每个分液漏斗中加入 8-羟基喹啉溶液和缓冲溶液各 2 mL。摇匀反应 5 min 后,以氯仿为萃取剂萃取 2 次,每次 10 mL。将有机相通过干燥脱脂棉滤入 50 mL 容量瓶中,以少量氯仿洗涤脱脂棉,洗液并入容量瓶中,以氯仿稀释至刻度并摇匀。

(3) 激发光谱和发射光谱的绘制。转移其中一个容量瓶中的部分溶液(第一个容量瓶除外)至石英比色皿中,将荧光光度计的激发波长设定为 390 nm,在 450~600 nm 范围内扫描发射光谱;设定发射波长为 510 nm,在 330~460 nm 范围内扫描激发光谱。在激发光谱和发射光谱上分别找出最大激发波长和最大发射波长。

(4) 标准溶液荧光的测定。以最大激发波长的光激发试样,对各标准溶液在 450~600 nm 范围内扫描发射光谱,记录其在最大发射波长处的荧光强度,每种溶液重复扫描三次,取平均值。以标准系列溶液质量为横坐标,以荧光强度为纵坐标,进行线性回归分析。

(5)试样的测定。取一定体积的待测试样,按第(2)步处理后,依照第(4)步条件测定其荧光强度。

6. 原始数据记录

(1)从激发光谱中确定最大激发波长为_____nm。

(2)从发射光谱中确定最大发射波长为_____nm。

(3)铝标准溶液荧光强度测量的数据计入表8-1中。

表8-1 铝标准曲线的绘制记录表

指标	Al标准溶液体积/mL					
	0.00	10.0	20.0	30.0	40.0	50.0
Al质量/ng	0	4.0	8.0	12.0	16.0	20.0
荧光强度(I_f)						

(4)试样溶液的荧光强度为_____。

7. 结果计算

根据以下公式计算待测试样中铝离子的浓度:

$$c(Al^{3+}, ng/mL) = m/V$$

式中:m——标准曲线上得到的 Al 相应量,ng;

V——待测试样体积,mL;

8. 注意事项

分液漏斗使用前应检查是否漏液,如有漏液现象,依下法配制甘油淀粉糊涂抹活塞:9 g 可溶性淀粉,22 g 甘油,混匀加热至 140 ℃保持 30 min,并不断搅拌至透明,放冷。

9. 思考题

(1)为何要用干燥脱脂棉过滤氯仿萃取液?

(2)可否用真空硅脂处理分液漏斗旋塞处?为什么?

(3)荧光光度计中,激发光源和荧光检测器为什么不在一条直线上?

8.3 电感耦合等离子体原子发射光谱法(ICP-AES)及实验

8.3.1 ICP-AES 原理

电感耦合等离子体原子发射光谱法(inductively coupled plasma-atomic emisson spectroscopy, ICP-AES)是将试样在等离子体光源中激发,使待测元素发射出特征波长的辐射,经分光后利用原子发射光谱法测定其特征辐射的强度而进行定量分析的方法。下面简要介绍等离子体光源和原子发射光谱法。

1. 电感耦合等离子体光源

电感耦合等离子体(inductively coupled plasma,ICP)是目前发射光谱分析中最为常用的一种光源。所谓等离子体是指已经电离但宏观上呈电中性的物质。等离子体的电磁学性质与普通中性气体有很大差别。

电感耦合等离子体光源通常是由高频发生器、等离子体炬管和雾化器三部分组成的。高频发生器的作用是产生高频磁场,供给等离子体能量。

等离子体炬管由三层同心石英炬管组成(见图8-4)。外层管内通入Ar气避免等离子体炬烧坏石英管。中层石英炬管出口做成喇叭形状,通入Ar气以维持等离子体。内层石英炬管内径为1~2 mm,由Ar气作为载气将试样气溶胶从内管引入等离子体。

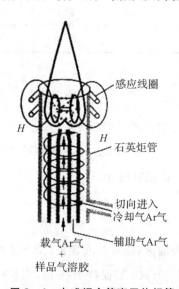

图8-4 电感耦合等离子体炬管

当高频电源与围绕在等离子体炬管外的负载感应线圈接通时,高频感应电流流过线圈,产生轴向高频磁场。此时向炬管的外管内切线方向通入冷却气体Ar气,中层管内轴向(或切向)通入辅助气Ar气,并用高频点火装置引燃,使气体触发产生载流子(离子和电子)。当载流子多至足以使气体有足够的电导率时,在垂直于磁场方向的截面上感应产生环形涡电流。强大的感应电流(几百安)瞬间将气体加热至10000 K,在管口形成一个火炬状的稳定等离子体炬管,试样通过雾化器形成气溶胶进入等离子体炬管,在等离子体炬管的高温下进行蒸发、原子化和激发。

2. 原子发射光谱法

原子发射光谱法(atomic emission spectrometry,AES),是利用物质在热激发或电激发下,待测元素的原子或离子发射特征谱线来对待测元素进行分析的方法。

在正常状态下,原子处于基态,原子在受到热(火焰)或电(电火花)激发时,由基态跃迁到激发态,返回到基态时,发射出特征光谱(线状光谱)。原子发射光谱法包括了三个主要的过程:

(1)由光源提供能量使样品蒸发形成气态原子,并进一步使气态原子激发而产生光辐射;

(2)将光源发出的复合光经单色器分解成按波长顺序排列的谱线,形成光谱;

(3)用检测器检测光谱中谱线的波长和强度。

由于待测元素原子的能级结构不同,因此发射谱线的特征不同,据此可对样品进行定性分析;而根据待测元素原子的浓度不同,因此发射强度不同,可实现元素的定量测定。

8.3.2 ICP-AES 仪器结构及使用

1. 仪器结构

原子发射光谱仪主要由光源、光学系统、检测系统和数据处理系统组成。

光源:提供足够的能量使试样蒸发、原子化、激发,从而产生发射光谱。在原子发射光谱中,光源也是原子源。目前最为常用的光源是电感耦合等离子体。

光学系统:由狭缝、透镜、反射镜和色散元件(单色器)组成。色散元件为棱镜或光栅。

检测系统:有射谱和直读等类型。射谱是将光源产生的发射光谱经色散元件分光后照射到照相干板上,得到粗细深浅不同的按照波长顺序排列的谱线。根据谱线的波长位置进行定性分析,根据谱线黑度进行定量分析,这类仪器叫作摄谱仪。如果将光源产生的发射光谱经色散元件分光后照射到光电转换器件上,再对电信号进行处理,即可得到定性或定量的信息,这类仪器称为直读摄谱仪。

2. iCAP6300 原子发射光谱仪操作步骤

1)开机预热

(1)确认有足够的氩气用于连续工作。

(2)确认废液收集桶有足够的空间用于收集废液。

(3)打开稳压电源开关,检查电源是否稳定,观察约 1 min。

(4)打开氩气瓶并调节分压为 0.60~0.65 MPa,保证仪器驱气 1 h 以上。

(5)打开计算机。

(6)若仪器处于停机状态,打开主机电源,仪器开始预热。

(7)待仪器自检完成后,双击"iTEVA"图标,启动 iTEVA 软件,进入操作软件主界面,仪器开始初始化,检查联机通讯情况。

2)编辑分析方法

(1)选择元素及谱线。

(2)设置参数。

(3)设置工作曲线参数。

3)点燃 ICP 炬

(1)再次确认氩气贮量和压力,并确保驱气时间大于 1 h,以防止 CID 检测器结霜,造成 CID 检测器损坏。

(2)光室温度稳定在 38±0.2 ℃,CID 温度小于 −40 ℃。

(3)检查并确认进样系统(矩管、雾化室、雾化器、泵管等)是否正确安装。

(4)夹好蠕动泵夹,把试样管放入蒸馏水中。

(5)开启通风。

(6)开启循环冷却水。

(7)打开 iTEVA 软件中"等离子状体"对话框,查看连锁保护是否正常,若有红灯警示,需做相应检查,若一切正常点击"等离子体开启",点燃 ICP 炬。

(8)待等离子体稳定 15 min 后,即可开始测定试样。

4)绘制标准曲线并分析试样

5)关闭 ICP 炬

(1)分析完毕后,将进样管放入蒸馏水中冲洗进样系统 10 min。

(2)在"等离子状态"对话框,点击"等离子关闭",关闭 ICP 炬。

(3)关闭 ICP 炬 5~10 min 后,关闭循环水,松开泵夹及泵管,将进样管从蒸馏水中取出。

(4)关闭排风扇。

(5)待 CID 温度升至 20 ℃ 以上时,驱气 20 ℃ 后,关闭氩气瓶。

8.3.3　电感耦合等离子体原子发射光谱法(ICP‑AES)测定矿泉水中锶含量

1. 实验目的

(1)学习电感耦合等离子体原子发射光谱法(ICP‑AES)分析的基本原理。

(2)学习 ICP‑AES 仪器的主要构造和各部件的作用。

(3)学习利用 ICP‑AES 仪器测定水中锶离子的方法。

2. 实验原理

含有锶(Sr)的矿泉水由载气(氩气)带入雾化系统雾化后,以气溶胶形式进入等离子体的轴向中心通道,在高温和惰性气体中被充分蒸发、原子化、电离和激发,发射出 Sr 元素的特征谱线,根据特征谱线强度即可确定矿泉水中 Sr 含量。

3. 实验仪器和设备

(1)ICP-AES 仪。

(2)移液管。

(3)容量瓶。

(4)其他一般实验室常用仪器和设备。

4. 试剂

(1)1000.0 μg/mL 锶离子贮备液:准确称取 2.4152 g 硝酸锶($Sr(NO_3)_2$)固体,溶于体积分数为 1%的硝酸中并稀释至 1000 mL,摇匀。

(2)锶离子标准系列溶液:用去离子水将贮备液逐级稀释得到 2.0 μg/mL、1.5 μg/mL、1.0 μg/mL、0.5 μg/mL、0.1 μg/mL 的标准系列溶液。

5. 实验步骤

(1)仪器条件。影响 ICP-AES 分析特性的因素较多,但主要工作参数有三个,即高频功率、载气流量及观测高度。多数仪器的工作参数范围见表 8-2。

表 8-2 ICP-AES 仪器工作参数范围

高频功率/ kW	反射功率/ W	观测高度/ nm	载气流量/ ($L \cdot min^{-1}$)	等离子气流量/ ($L \cdot min^{-1}$)	进样量/ ($mL \cdot min^{-1}$)
1.0~1.4	<5	6~16	1.0~1.5	1.0~1.5	1.5~3.0

按照 ICP-MS 仪器的基本操作步骤进行准备工作:开机,点燃等离子体,待炬焰稳定(约 30 min),仪器即处于工作状态。

(2)标准曲线的绘制。在 Sr 波长 421.552 nm 处,分别将浓度为 2.0 μg/mL、1.5 μg/mL、1.0 μg/mL、0.5 μg/mL、0.1 μg/mL 的标准系列溶液引入火炬管,计算机即绘制出工作曲线。

(3)在相同测试条件下,利用 ICP-AES 光谱仪测定矿泉水中 Sr 含量。根据试样数据,进行计算机自动在线结果处理,打印测定结果。

(4)确认所有分析工作完成后,用 5%的 HCl 高纯水溶液冲洗 5 min,再用高纯水冲洗 5 min,然后熄灭等离子体。5 min 后关冷却水,待检测器温度升至室温后关闭氩气瓶。最后关闭排风。

(5)报告测定结果。

6. 注意事项

(1)点燃等离子体后,应尽量少开屏蔽门,以防高频辐射伤害身体。

(2)等离子体会发射很强的紫外光,易伤害眼睛,应通过有色玻璃防护窗观察等离子体炬。

(3)实验过程中要经常观察雾化室雾化是否正常,废液是否流出,雾化室内不能有积液。

7. 思考题

(1)等离子体发射光谱与原子吸收光谱的主要区别是什么?

(2)为什么ICP光源能够提高光谱分析的灵敏度和准确度?

8.4 气相色谱-质谱法(GC-MS)及实验

8.4.1 仪器结构及原理

气相色谱-质谱法(gas chromatography - mass spectrometry, GC - MS)是将色谱的分离能力与质谱的定性和结构分析能力有机地结合在一起的现代仪器分析方法,是当代最为重要的分离和鉴定的分析方法之一,目前已被广泛应用于石油化工、环境、食品、医药分析和司法鉴定等各个领域中。

气相色谱法(GC)是一种分离复杂混合物的有效分离技术,是以气体为流动相,根据待测样品中不同组分的沸点、极性的差异对混合物进行分离分析的方法,具有分离效率高、定量分析快速灵敏的特点,但不适合复杂混合物的定性鉴定。质谱法(MS)具有灵敏度高、定性能力强等特点,但是定量分析能力较差,另外,质谱法不能对混合物直接进行分析,所分析的物质必须是纯物质的特点在很大程度上限制了其应用。气相色谱-质谱联用仪是将气相色谱仪和质谱仪通过特定的接口连接,将复杂混合物利用色谱仪分离成单个组分后,再进入质谱仪进行定性鉴定,从而实现分离和鉴定同时进行的目的,对于混合物的分析测定是一种理想的仪器。

气相色谱-质谱联用仪主要由气相色谱、接口、质谱和数据处理系统(计算机)组成(见图8-5)。色谱部分和一般的气相色谱仪基本相同,包括载气系统、进样系统、色谱柱,也带有汽化室和程序升温系统,压力、流量自动控制系统等。但色谱部分一般不再有常规的气相色谱检测器(如氢火焰离子化检测器等),而是利用质谱仪作为色谱的检测器。混合样品在色谱部分被分离成单个组分,然后进入质谱仪进行鉴定。

质谱部分主要由离子源(EI源)、质量分析器(四极杆质量分析器)、检测器和高真空系统组成。

接口部分为毛细管连接,气相色谱和接口部分起到了一般质谱仪的进样系统的作用。图8-6为7000B型GC-MS联用仪的实物图。

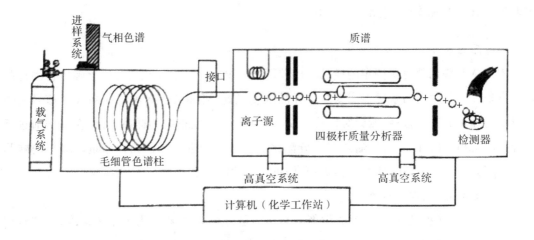

图 8-5　气相色谱-质谱联用仪流程图

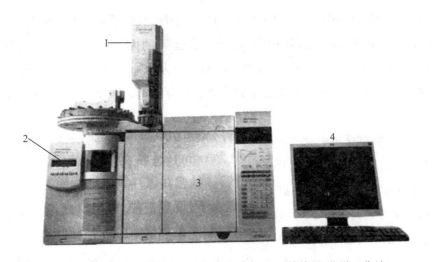

1—自动进样器；2—质谱仪；3—气相色谱仪；4—计算机（化学工作站）。

图 8-6　7000B 型 GC-MS 联用仪的实物图

经气相色谱分离后的组分被连续地送入质谱仪中检测。质谱仪是在高真空环境下，利用高能电子流轰击样品分子，使该分子失去电子变为带正电荷的分子离子或碎片离子。这些不同离子具有不同的质量，在磁场的作用下实现按质荷比（m/z）进行分离的装置。

离子源是使试样分子在高真空条件下离子化的装置。质量分析器是将同时进入其中的不同质量的离子，按质荷比（m/z）大小分离的装置。分离后的离子依次进入离子检测器，采集放大离子信号，经计算机处理，绘制成质谱图。

8.4.2 GC-MS 操作程序

1. 样品的准备

GC-MS 联用仪对所测定的样品有比较严格的要求。一般先在色谱仪上确定待测样品的分离条件。所测样品浓度不能太高。样品浓度过高,可能会引起离子抑制或者信号太强而得不到理想的谱图,还可能会对仪器造成不良影响。浓度很高的样品,可以在进样前进行稀释。浓度稍高的样品,可以通过改变分流比的方式减少进入仪器的样品量。理想的样品溶液浓度大约为 $1ng/\mu L$,此时进样 $1\ \mu L$ 即可满足检测需要。

2. 仪器的开机、调谐和校正

(1) 打开氦气和氮气瓶主阀,查看氦气和氮气是否充足(主阀压力大于 2 MPa)。查看副阀压力是否达到仪器运行压力要求(氦气副阀压力表在 0.4~0.6 MPa 范围内,氮气压力副阀压力大于 0.5 MPa)。打开稳定电源。

(2) 打开 GC/MS Triple Quad 和 GC System 设备的电源,然后打开计算机。

(3) 在"Instrument MS"选择项中,点击"调谐"选项,选择"手动调谐"→"真空控制"→"抽真空"(若离子源真空箱未打开过,抽真空时间一般为 40 min 左右;若离子源真空箱打开过,则需要抽真空 4 个小时),此时涡轮 1 的转速必须为 100%,功率在 45.5 W 左右,即完成抽真空。

(4) 在"自动调谐"选项中,选择"EI 高灵敏度自动调谐",再点击"自动调谐",调谐文件自动保存在 D:\massHunter\GCMS\1\7000\atunes.eiex.tune.xmL 目录下。

(5) 查看调谐报告,看主要参数是否满足要求。在 Q1 分析器中,M/Z(m/z):69、219、502,相应同位素分别为 70.1,220.0,503,同位素比例分别为 1.10%、4.31%、10.22%,真空结果中,查看涡轮泵转速是否为 100%(必须是),功率 45.5 W 左右,检测器中查看,EMV 是否小于 2500 V;再进行空气水检查,H_2O 与 M/Z 比例应小于 10%,O_2 与 M/Z 比例应小于 2%。

3. 实验方法的建立和数据采集

(1) 如果满足参数条件,在 MS 参数设置中选择调谐好的文件,并设置相应参数;根据样品性质设置 GC 参数。

(2) 点击计算机桌面图标"GC_QQQ",弹出对话框,点击进入"Instrument GC 参数"选项中,然后点击"进样口",在"SSL-前"或"SSL-后"(根据 GC/MS 使用的对应进样方式而定)选项中,将"加热器"点勾打开,在"色谱柱"中,确保色谱柱 1 为恒流,流速设定为 1.2 mL/min,色谱柱 2 为恒压,压力设定为 1.5~1.8 psi;在"辅助加热器"选项中,勾选打开辅助加热器 2。

(3) 测样流程:编辑序列→运行序列→查看结果→定性、定量分析。

4. 关机程序

(1)选择关机程序文件(关机程序文件的目录保存在 D:\massHunter\GCMS\1\methods\关机程序中)。

(2)在"调谐"选项中,点击"手动调谐"→"真空控制",点击"放空"(放空时间一般在 40 min 左右)。

(3)点击"放空"后,会出现对话框,观察待涡轮1的转速小于 20%,离子源加热器温度小于 100 ℃,MS1 加热器温度小于 100 ℃,MS2 加热器温度小于 100 ℃,然后关闭计算机和运行设备。

(4)关闭稳压电源、氮气和氦气。

8.4.3 GC-MS 实验——气相色谱-质谱联用测定多环芳烃

多环芳烃(polycyclic aromatic hydrocarbons,PAHs)是一类由两个或两个以上苯环以稠环键连接的化合物。是煤、石油、木材、烟草等有机物不完全燃烧时产生的挥发性碳氢化合物,多环芳烃是一类致癌物质,对环境中的多环芳烃进行测定至关重要。

1. 实验目的

(1)掌握 GC-MS 的基本原理。

(2)了解 GC-MS 联用仪的主要构造,分析条件的设置和工作流程。

(3)掌握利用 GC-MS 对有机物进行定性定量分析的方法。

2. 实验原理

混合多环芳烃样品首先经过气相色谱被分离成单一组分,再进入质谱仪的离子源,在离子源中,组分分子被电离成离子,离子经质量分析器后按照 m/z 比顺序排列成谱。经检测器检测后得到质谱。计算机采集并储存质谱,经处理后即可得到样品的色谱图、不同组分的质谱图。经谱库检索后得到化合物的定性结果,根据色谱图可对各组分进行定量分析。

3. 实验仪器和设备

(1)气相色谱-质谱(GC-MS)联用仪,EI 源。

(2)自动或手动进样器。

(3)毛细管色谱柱:HP-5MS 或同类色谱柱。

4. 试剂

(1)16 种多环芳烃混合标样(Sigma 公司):萘(NAP,128.2),苊烯(ANY,152.2),苊(ANA,154.2),芴(FLU,166.2),菲(PHE,178.2),蒽(ANT,178.2),荧蒽(FLT,202.3),芘(PYR,202.3),苯并[a]蒽(BaA,228.3),䓛(CHR,228.3),苯并[b]荧蒽(BbF,252.3),苯并[k]荧蒽(BkF,252.3),苯并[a]芘(BaP,252.3),茚并[1,2,3-cd]芘(IPY,276.3),苯并[ghi]苝(BPE,276.3),二苯并[a,h]蒽(DBA,278.4)。

(2)待测定的环境样品。

5.实验步骤

(1)设置色谱分离条件。根据参考文献,设置进样口温度、载气流速和程序升温等色谱条件。选择数据全扫描模式。保存设置的 GC-MS 实验方法。注意:记录保存路径、文件名称及后缀等。

(2)设置质谱检测条件。设置离子源温度、接口温度、检测器电压、扫描方式、质量范围等。特别注意设置溶剂切除(避峰)时间。

(3)选择手动或自动进样,将 16 种 PAHs 混合标样进样 1 μL,运行系统分析,显示总离子流色谱图和质谱图。

(4)根据各化合物的质谱图,以所得的分子离子峰为依据,利用标准谱图检索方法,对 16 种组分进行定性分析。

(5)将所获得的质谱图在 NIST 数据库中进行搜索,比较实验所得质谱图与标准谱图的差异和匹配度。

(6)将待测定样品进样 1 μL,利用全扫描模式进行分析,并对其所含的多环芳烃化合物进行定性分析。

(7)报告测定结果。

6.思考题

(1)气相色谱-质谱联用仪有哪些主要部件?它们的作用是什么?

(2)在设定气质联用仪的工作参数时,如何避免记录很大的溶剂峰?

(3)16 种多环芳烃化合物的 EI 质谱图有什么特点?

第三编 拓展性实验

第 9 章

综合设计性实验

9.1 设计性实验

设计性实验是在学生已经具备了相当的分析化学理论知识和实践能力,并已经掌握了分析化学典型实验的基本操作、分析步骤和实验方法的基础上,参与的探索研究性实验。设计性实验设置的目的是激发学生的探索、研究精神,强化学生独立分析、解决问题的能力。

9.1.1 设计性实验过程和要求

设计性实验流程图见图 9-1。

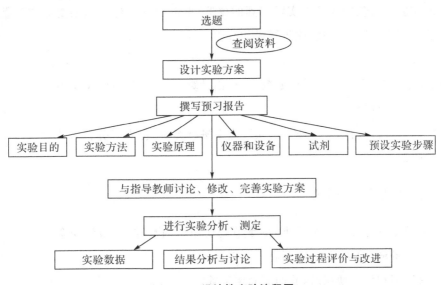

图 9-1 设计性实验流程图

设计性实验流程如下:
(1)从所提供的实验题目中,选择自己感兴趣的内容。

(2)独立查阅资料,与同组学生共同完成实验方案的初步设计,写出预习报告。

(3)与指导教师和同学讨论,完善实验方案。

(4)准备实验器材和实验药品。

(5)进行实验。

(6)撰写完整的设计性实验报告。

9.1.2 设计性实验报告格式

1. 预习报告

实验进行前,首先应按照以下格式和内容,撰写预习报告(另设定格式,包括参数表和流程图部分)。

(1)实验目的。测定的目的、可以达到的训练目标。

(2)分析方法及简单原理。通过查阅文献资料,对所选题目进行初步构想并求证,确定分析方法。原理应包括试样的预处理、必要的分离方法和分析方法。

(3)实验所需仪器和试剂清单。列出所需全部仪器的种类和规格,试剂的种类、规格、浓度、配制方法。

(4)实验步骤设计。设计的实验步骤要求详细完整,特别是一些关键性的操作步骤。

(5)完善参考资料。

2. 完善的实验方案及实际执行的实验步骤

完善的实验方案包括实验中实际用到的仪器、试剂配制方法。如果实际实验做法与预习报告中的步骤或方案不一致,应重写操作步骤。

3. 实验数据

准确、完整、实事求是地记录原始数据,列出计算关系式,计算测定结果。

4. 结果分析与讨论

对实验结果进行分析;对所设计的实验方案进行评价;提出对分析方法和实验条件进一步改进的设想等。

9.1.3 设计性实验注意事项

(1)在能满足测定要求的情况下,尽量节约使用试剂及样品,做到安全和环保。所配制的标准溶液(贮备液)的浓度,一般不高于 0.1 mol/L。

(2)所有试剂和仪器使用后,放回原固定位置。

(3)测定中每个样品需要进行三次平行测定,测定结果的表示为"平均值±标准偏差"。

9.1.4 设计性实验选题内容

1. 酸碱滴定法

(1)不同指示剂对酸碱滴定法测定弱酸浓度准确度的影响。

【提示】分别用酸性指示剂(如甲基橙)、碱性指示剂(如酚酞)作为指示剂,利用 NaOH 标准溶液对 HAC 进行滴定,对滴定结果进行比较,研究由于指示剂选择不当造成的误差。

(2)HCl-HAc 混合液中各组分浓度的测定。

(3)$NH_3 \cdot H_2O$-NaOH 混合液中各组分浓度的测定。

(4)NaH_2PO_4-Na_2HPO_4 混合液中各组分浓度的测定。

(5)工业碳酸氢钠中碳酸钠和碳酸氢钠含量的测定。

【提示】强酸和弱酸混合物、混合碱分步滴定,可根据滴定曲线上每个化学计量点附近的 pH 值突跃范围,选择不同变色范围的指示剂以确定各组分的滴定终点,再由标准溶液的浓度和所消耗的体积求出混合物中各组分的含量。

2. 配位滴定法

(1)水中钙硬度、镁硬度的分别测定。

(2)鸡蛋壳中钙含量的测定。

(3)Al^{3+}-Fe^{3+} 溶液中各组分浓度的测定。

(4)Bi^{3+}-Pb^{2+} 溶液中各组分浓度的测定。

(5)自来水中暂时硬度和永久硬度的分别测定。

【提示】利用配位滴定法同时测定多种金属离子时,如果两种离子的稳定常数差值大于等于6($\Delta lgK \geqslant 6$),可用控制酸度法进行连续滴定。如果两种离子的稳定常数差值小于6,可用掩蔽和解蔽法进行连续滴定。

3. 沉淀滴定法

(1)地表水中氯离子的测定。

(2)酱油中氯化钠含量的测定。

(3)福尔哈德法测定水中银离子。

(4)福尔哈德法测定水中氯离子。

(5)法扬司法测定溴离子。

【提示】注意莫尔法、福尔哈德法、法扬司法测定不同离子的原理、应用条件。

4. 氧化还原滴定法

(1)蔬菜水果中维生素 C 的测定。

【提示】为防止还原性强的维生素 C 在空气中氧化,利用适当的预处理方法提取蔬菜或水果中的维生素 C 后,加入醋酸使得溶液呈弱酸性,以降低氧化速度,再用碘量法进行测定。

(2)利用高锰酸钾法测定二氧化锰含量。

【提示】二氧化锰是一种较强的氧化剂,无法用高锰酸钾直接滴定。可采用返滴定的方式进行测定。

(3)溴酸钾法测定水中苯酚。

【提示】以溴酸钾法和碘量法配合使用间接对苯酚进行测定。

(4)碘量法测定葡萄糖含量。

【提示】在碱性条件下向待测溶液中加入定量并过量的碘单质,葡萄糖分子中的醛基可被定量氧化为羧基。过量的未与葡萄糖反应的碱性碘化钾在被酸化时又生成碘单质。用硫代硫酸钠滴定析出的碘单质,即可间接求出葡萄糖含量。

5. **分光光度法测定水中铁**(显色条件和测量条件的选择)

【提示】可见分光光度法中,显色剂用量、显色酸度、温度等显色条件及测定波长等对测定结果的准确度和灵敏度有很大的影响。可利用单因素实验法选出适宜的显色剂用量、显色的酸度范围、显色反应的稳定时间及测量波长等。

(1)分光光度法测定样品中铬、锰含量。

【提示】可利用吸光度的加和性原理,分别在铬、锰各自的最大吸收波长处测定混合显色液的吸光度,联立方程,根据由标准溶液测得的两种离子在各自最大吸收波长处的摩尔吸光系数,通过解联立方程求出混合液中两种离子的浓度。

(2)紫外光度法测定苯甲酸的解离常数。

【提示】若有机弱酸(或弱碱)在紫外-可见光区有吸收,且吸收光谱与其共轭碱(或酸)不同时,就可以利用分光光度法测定其解离常数。

配制三种分析浓度相等,而 pH 值不同的溶液(pH 分别为 pK_a、比 pK_a 低 2 个 pH 单位、比 pK_a 高两个 pH 单位)。分别在三种溶液的最大吸收波长处测定它们的吸光度,根据公式计算 p_{Ka}。

6. **火焰原子吸收光谱法测定镁离子**(最佳实验条件的选择)

【提示】火焰原子吸收光谱法中,分析方法的准确度和灵敏度在很大程度上取决于实验条件。利用单因素法对分析线、灯电流、燃助比、燃烧器高度、光谱通带进行选择,确定测定镁的最佳实验条件。

7. **石墨炉原子吸收光谱法测定 Cd**(最佳灰化温度和最佳原子化温度的选择)

【提示】利用单因素实验确定最佳灰化温度和最佳原子化温度。

8. **微波熔样火焰原子吸收光谱法测定矿样中的锑和铋**

【提示】微波熔样法现已广泛采用。微波熔样效率高、速度快,即将矿样粉碎、过筛、准确称量后,放在聚四氟乙烯熔样罐中,加入 NaOH,置于微波炉中"碱熔",随后用酸浸取,用蒸馏水定容,即可用火焰原子吸收光谱法测定其中的锑和铋。

9.植物色素的提取和薄层色谱分析

【提示】植物叶茎中主要含胡萝卜素、叶黄素、叶绿素 a 及叶绿素 b 四种天然色素。可利用混合溶剂提取绿色植物中的天然色素,然后用薄层色谱加以分离。

9.2 综合性实验

9.2.1 综合性实验开设目的

综合性实验是在学生综合掌握分析化学理论知识和各种实验技能及方法的基础上开设的实验,目的是培养学生系统地完成一些具有广度和一定深度的综合性实验。实验要求学生综合运用所学的各种理论知识和方法技能,系统地、规范地完成实验,从而使学生得到全方位的培养和训练。

9.2.2 综合性实验开设要求

综合性实验在实验要求、实验过程、实验报告格式等方面与设计性实验基本相同,也是需要进行选题、查阅资料、撰写预习报告、与指导教师讨论、实验操作、撰写实验报告过程等环节。所不同的是综合性实验与设计性实验的实验内容。在综合性实验中,可能需要同时使用多种不同的分析方法完成一个样品的测定;也可能要结合预处理实验—分析测定实验—计算方法等多个过程完成一个样品的测定;还可能是用同一种方法的不同测定方式对一个样品中的多种不同组分进行测定。相比设计性实验,综合性实验涉及的知识面更广、测定过程更繁琐、分析测定耗时更长。

建议:综合性实验的开设不作为必选环节。不占课内实验学时,可作为学生实践环节的选修内容在课余时间选择完成。

9.2.3 综合性实验选题内容

1. 酸碱指示剂法和电位滴定法测定酸度

【提示】酸碱指示剂法测定:分别用甲基橙、酚酞做指示剂,用氢氧化钠标准溶液滴定至指示剂变色,计算强酸酸度和总酸酸度。

电位滴定法测定:以 pH 玻璃电极为指示电极,以饱和甘汞电极为参比电极,与被测水样组成原电池并接入 pH 计,用氢氧化钠标准溶液滴定至 pH 计指示 3.7 和 8.3,据其相应消耗的氢氧化钠标准溶液的体积,分别计算两种酸度。

【要求】利用两种不同方法对同一水样进行测定,比较两种方法的优缺点,讨论两种测定方法的适用范围。

2. 水中 Ca^{2+}、Mg^{2+}、Al^{3+}、Fe^{3+} 的分别滴定

【提示】比较四种离子与 EDTA 形成的配合物稳定常数大小,判断利用控制酸度法测定稳定常数最大的金属离子与相邻金属离子之间有无干扰。若无干扰,则确定稳定常数最大的金属离子测定的 pH 值范围,并利用控制酸度法进行滴定,其他离子的测定依此类推;若有干扰,需采取隐蔽、解蔽或分离方式去除干扰。

【要求】掌握控制酸度法和掩蔽法测定金属离子的条件,画出测定流程图,设计实验方案,对四种不同金属离子进行分别滴定。

3. 分别用莫尔法、福尔哈德法、法扬司法测定水中氯离子

【提示】莫尔法、福尔哈德法、法扬司法测定氯离子的原理、应用条件各不相同。用三种银量法进行测定时,注意方法的应用条件。

【要求】分别用莫尔法、福尔哈德法、法扬司法对同一种水样中的氯离子进行测定,讨论不同测定方法测定同一对象所得结果的准确性。分析三种不同测定方法的优缺点。

4. 重铬酸钾-硫酸加热回流消解/快速密闭微波消解测定工业废水的 COD

【提示】化学需氧量(COD)反映了水体受还原性物质(主要为有机物)污染的程度。经典的消解法是用重铬酸钾作为氧化剂,在酸性条件下,加热回流 2 h 后,再用滴定法进行测定,方法耗时较长。微波消解法效率高、速度快,大大缩短了消解时间。

【要求】分别用重铬酸钾-硫酸加热回流、快速密闭微波对同一水样进行消解后,再对 COD 进行测定,分析比较不同消解方法的优缺点。

5. 水中总磷、溶解性正磷酸盐和溶解性总磷的测定

【提示】水中磷的测定,通常按其存在形式分别测定总磷、溶解性正磷酸盐和溶解性总磷。测定时一般先用适当的方法消解水样,将所含磷全部氧化为正磷酸盐后,选择适当的方法进行测定,所得结果即为水样中总磷含量。如果将水样用 0.45 μm 滤膜过滤后,不经消解,直接用光度法进行测定,即可测得溶解性正磷酸盐;将水样过滤后进行消解,再用光度法测定,测得结果即为溶解性总磷。

【要求】了解水中总磷、溶解性磷酸盐、溶解性总磷的概念;画出三种不同形态磷的测定流程图;设计实验方案,对三种不同形态磷进行分别测定。

6. 水中铬的价态分析(二苯碳酰二肼分光光度法)

【提示】水中铬的化合物常见价态有六价和三价两种。测定水体中的铬化合物必须进行不同价态的含量分析。在酸性介质中,六价铬可与二苯碳酰二肼反应生成紫红色化合物,用可见分光光度法进行测定。如果将试样中的三价铬用高锰酸钾进行氧化后并去除过量的高锰酸钾后,再用二苯碳酰二肼显色后进行测定,即可测得总铬含量。二者之差即为三价铬含量。

【要求】画出六价铬、总铬和三价铬的测定流程图;设计实验方案,对六价铬和三价铬进

行测定。

7. 吸光度的加和性实验及水中微量 Cr^{6+} 和 Mn^{7+} 的同时测定

【提示】试液中含有多种吸光物质时,在一定条件下可以采用分光光度法同时进行测定。测定时,首先绘制不同吸光物质的吸收曲线,根据加和性原理,在各种吸光物质的最大吸收波长处测定混合溶液的总吸光度,然后用解联立方程式的方法,即可求出试液中不同吸光物质的含量。

【要求】绘制 Cr^{6+} 和 Mn^{7+} 的吸收曲线,利用加和性实验同时测定水中微量 Cr^{6+} 和 Mn^{7+}。

8. 火焰原子吸收光谱法测定镁的灵敏度和自来水中镁的测定

【提示】灵敏度是指某方法对单位浓度或单位量待测物质变化所致的响应量变化程度,它可以用仪器的响应量或其他指示量与对应的待测物质的浓度或量之比来描述。常用标准曲线的斜率表示方法的灵敏度。

【要求】配制系列浓度较小的镁离子标准溶液,利用火焰原子吸收光谱法测定其吸光度,绘制标准曲线,由标准曲线或回归方程计算镁的含量,根据测量数据,计算该仪器测定的镁的灵敏度。利用标准加入法测定待测样品中镁元素的含量。

9. 湖水中溶解氧、高锰酸盐指数和某些金属离子含量的综合测定

【提示】采集水样,利用碘量法测定水中溶解氧,利用高锰酸钾滴定法测定高锰酸盐指数;调查水中可能含有哪些金属离子,根据水样中金属离子的大致浓度范围,利用配位滴定法或原子吸收光谱法测定水中金属离子的含量。

【要求】掌握测定溶解氧时水样的采集和现场固定方法。对水样中可能含有的金属离子种类与浓度要先进行调查和预估,再确定测定方法。画出实验流程图,设计实验方案进行样品的测定。

10. 硅酸盐水泥熟料中 Fe_2O_3、Al_2O_3、CaO、MgO 含量的测定

【提示】水泥熟料是经 1400 ℃以上高温煅烧而成的。通过熟料分析,可以检验熟料质量和烧成情况的好坏。测定方法:通过控制试液的酸度,选择适当的掩蔽剂和指示剂,综合利用直接滴定、返滴定和差减滴定的方式进行分别测定。

【要求】掌握样品的预处理方法,画出实验流程图,设计实验方案进行样品的测定。

11. 土壤中铜、锌、铁、锰的测定

【提示】土壤样品用硝酸-高氯酸消解以去除有机质,再用氢氟酸脱硅,用高氯酸驱除氟离子后,将所得硝化物用盐酸溶解。用原子吸收光谱法或者 ICP-MS 对土壤中不同金属离子进行分别测定。

【要求】掌握土壤消解方法及不同金属离子的测定方法。

12. 土壤不同形态氮的测定

【提示】土壤氮素形态较多,可分为有机态氮和无机态氮两大类。有机态氮按其溶解度大小和水解难易程度分为水溶性有机氮、水解性有机氮、非水解性有机氮三类,它们可在微生物的作用下逐渐转化为无机态氮。无机态氮分为氨态氮和硝态氮。无机态氮很少,都是水溶性的氮,可直接被植物吸收利用。

全氮的测定一般用凯氏定氮法测定;水解性氮采用碱解扩散法测定;土壤硝态氮采用酚磺酸比色法或紫外分光光度法测定;铵态氮采用靛酚蓝比色法或者纳氏试剂比色法测定;可溶性全氮采用碱性过硫酸钾氧化、紫外-可见分光光度计法测定;微生物氮采用氯仿熏蒸法测定。可溶性有机氮=可溶性全氮—(铵态氮+硝态氮)。

【要求】了解水中不同形态氮的概念及测定意义,画出不同形态氮的测定流程图,设计实验方案,对不同形态氮进行分别测定。

13. 铋、铅混合液中铋、铅的连续滴定

【提示】Bi^{3+}、Pb^{2+}均能与EDTA形成稳定的配合物,但它们与EDTA形成的配合物稳定常数差别很大($\lg K_{BiY}=27.94$,$\lg K_{PbY}=18.04$),符合混合离子分步滴定条件($\Delta \lg K \geqslant 6$),因此可以通过控制不同的滴定酸度在同一份试液中分别对Bi^{3+}、Pb^{2+}进行滴定。

【要求】了解用配位滴定法对金属离子进行分步滴定时所需条件;了解二甲酚橙(xylenol orange, XO)指示剂的使用条件和其在终点时的变色情况;掌握利用控制酸度法分步滴定金属离子时的方法和原理。

参考文献

[1] 华东理工大学,四川大学. 分析化学[M]. 7 版. 北京:高等教育出版社,2018.
[2] 王彤,姜言权. 分析化学实验[M]. 北京:高等教育出版社,2002.
[3] 武汉大学. 分析化学实验[M]. 5 版. 北京:高等教育出版社,2011.
[4] 卢佩章,戴朝政. 色谱理论基础[M]. 北京:科学出版社,1989.
[5] 马全红. 分析化学实验[M]. 南京:南京大学出版社,2009.
[6] 孙福生. 环境分析化学实验教程[M]. 北京:化学工业出版社,2011.